长物志

做自己生活的设计师

生活榜

费勇 主编

九州出版社

JIUZHOUPRESS

目录
CONTENTS

FIRST PART

解读《长物志》

费勇

贰

│ SECOND PART │

《长物志》 现代翻译

【明】文震亨 撰   吴田田 译

室 庐

│ 卷一 · 室庐 │

花木

卷二 · 花木

水石　禽鱼

书画　　几榻

器具

卷七 · 器具

书画

禽鱼

蔬果

室庐

位置

舟车

香茗

几榻

衣饰

花木

器具

水石

THIRD PART

《长物志》 原文

【明】文震亨 撰

。

平常物却是风雅事

人间很喧嚣却也有桃花源流水无声

FIRST PART

解读《长物志》

费勇

费勇，浙江人，著有《金刚经修心课：不焦虑的活法》、《人生真不如陶渊明那一杯酒》、《言无言：空白的诗学》等，另有译著《时尚的哲学》等，并有《33堂金刚经修心课》等音频课；暨南大学生活方式研究院联席院长、文化创意和生活方式研究方向博士生导师，广州美术学院视觉设计学院特聘教授。

一本物质主义手册 ⁰¹

《长物志》是一本奇特的书，出现于明代崇祯七年（1634年），作者是苏州人文震亨。文震亨生于1586年，去世于1645年。这本书清代乾隆年间收入《四库全书》的子部杂家类，四库馆臣对这本书的评价是"所论皆闲适游戏之事，纤悉毕具"。意思是所论述的不过是一些闲适游戏类的琐事，连那些非常细微的事物都没有遗漏。

但这样一本谈论琐细事物的书，在近代以来，越来越受国内外学术界的关注。1991年英国学者柯律格（Craig Clunaas）出版《长物：早期现代中国的物质文化与社会状况》，认为《长物志》建立了中国社会的"物的话语"体系，全书分为六章，第一章是"物之书"，讨论明代的鉴赏文献，第二章是"物之观念"，讨论明代鉴赏文学的主题，第三章是"物之语"，讨论明代的鉴赏语言，第四章是"往昔之物"，讨论古物在明代物质文化中的功能，第五章是"流动之物"，讨论作为商品的明代奢侈品，第六章是"物之焦虑"，讨论明代中国的消费和阶级。

显然，柯律格不仅把《长物志》看作是理解明代物质文化，乃至"现代中国"物质文化的一个切入点，也把《长物志》看作是一本"物"的使用指南。用现在的话来说，是一本"物质主义"的手册，更确切地说，《长物志》讲述的，是如何在日常生活里透过对于物的运用，而让生活摆脱庸俗，创造一种诗意的境界。所以，从物的角度，《长物志》回答的是这样一个问题：如何把物转化为一种生活境界？

《长物志》这个书名，本意为"记录多余的事物"。"长物"意为多余的东西，源自《世说新语》里一则关于王恭的记录，说是王恭从会稽回到京城，王忱去看望他。看见他坐着一张六尺长的竹席子，便对王恭说："你从东边回来，自然会有这种东西，可以拿一张给我。"王恭没有说什么，等王忱走后，就派人把竹席子送去给了王忱。然后，自己家里没有了竹席，就坐在草席子上。王忱听说后，很吃惊，对王恭说："我原来以为你有多余的，所以才问你要呢，"王恭回答说："你不了解我，我为人处世，没有多余的东西。"

王恭说自己"身无长物"，表达的是一种很朴素很简单的生活方式，对于"物"保持距离和冷静，拥有"物"是出于需要，不是出于欲望，更不是为了占有。《长物志》的"长物"套用了王恭的说法，但是，意趣却和王恭完全不同。如果说王恭是偏道德的，那么，《长物志》是偏艺术的。

王恭把物看作是功利的东西，所以，他是从占有多少的层面来看待物的，在他看来，一般人以为占有的越多生活就越好，是一个错觉；一个有品位的人，对于物的占有越少，生活其实就会简单越轻松，越有美感。

而《长物志》把物看作是趣味的东西，所以，文震亨是从如何使用的层面来看待物的，在他看来，一般人不会使用物，以为越豪华越时髦越好，结果把生活弄得很庸俗；一个有品味的人，在于他对于物的独到眼光，以及独到的使用方法。

显然，在如何处理欲望（物欲）的问题上，王恭和文震亨有微妙的相同，又有本质的不同。相同在于他们都认为，在物欲面前，人不应该放纵，不应该做土豪，但王恭基本上是一个道德主义者，解决物欲的困扰，唯一的办法是节制欲望，做到"身无长物"。文震亨是一个美学意义上的享乐主义者，他并不排斥物质，并不认为物质是有害的，相反，他认为人只有在物质的享受里，才能找到生活的意义；也就是说，他认为解决物欲的困扰，不是靠节制欲望，而是靠驾驭欲望。

驾驭欲望，换一种说法，就是把生活艺术化，而生活的艺术化，很大程度上，是对于物的处理，从物的审美，到物的具体标准，文震亨在《长物志》里构建了一套切实可行的生活艺术化的操作程序。

整本《长物志》就是一本物的清单，把物分为十二类，十二类又列出各种具体的事物，只看目录，就觉得很有意思，比如"室庐"，分为以下名目：门、阶、窗、栏杆、堂、山斋、佛堂、桥、茶寮、琴室、浴室、街径／庭除、楼阁、台；再如"几榻"类，分为以下名目：榻、短榻、几、禅椅、天然几、书桌、壁桌、方桌、橱、床、箱、屏。

目录上列出的大约有182种物，这182种物里，有些又细分出若干种，所以，整本《长物志》里，列出并讨论的物，大约超过了260余种。之所以说《长物志》是物质加上了主义，是一本物质主义手册，是因为作者的分类是有所用意的，为什么要把这样一些东西组合在一起，有美学的和设计的考虑，还因为他对于每一种物都有评判性的论述，是非常讲究的，是有标准的。

唯美主义
的桃花源 ⁰²

| SECOND PART |

文震亨为什么要写这样一本物质主义的手册？

为《长物志》作序的沈春泽在序言里记录了他和文震亨的一段对话：

◇◇◇

沈春泽："你的曾祖父文徵明先生，淳厚而有才华，是近一百年来苏州一带文化生活的引领者，名声远扬。诗中有画，画中有诗，苏州一带艺术最优秀的都在你们文家。我从前拜访你们家的婵娟堂、玉局斋，景色的美难以形容。而你仍然笔耕不辍，写着《长物志》这样的文字，不是多此一举吗？"

文震亨答："不是多此一举，更不是没事找事。我正是担心苏州人的巧心妙手以后会慢慢变化，如你所言，这些闲暇小事、没有什么实用性的小玩意儿，将来也许还会流行，但人们却不知道它们的发端，所以，我编了这样一本书，算是为后代留作一个记录。"

◇◇◇

从这段对话里，可以了解到文震亨写这本书的初衷，是为了留下一个记录，使得后人不至于忘掉了事物的来源。以今天的情况看，他的目的是达到了。文震亨去世（1645年）已经370多年了，风云变幻，沧海桑田，但是《长物志》这本书还在，这本书里的那种情怀一直还在。欧洲人把它看作是东方生活美学的具体图像，而今天的中国人，历经残酷的政治斗争，以及疯狂的拜金热潮，好像又在慢慢领悟到生活的奥秘，又在回到古典的宁静里，《长物志》成了很多生活家和设计师的灵感源泉，成为"新中式"美学风格的源泉。

这一段对话还透露出一个重要信息，就是文震亨出生世家，是文徵明的曾孙。文震亨自己在当时并不是影响很大的名人，但他的哥哥文震孟是状元出身，是有名的人物。至于他的曾祖父文徵明，就不仅仅当时有名，一直到现在，仍是中国家喻户晓的人物。文徵明经常和唐寅（伯虎）、祝允明（枝山）、徐祯卿一起，被称为"江南四大才子"，又在绘画史上和沈周、唐寅、仇英一起被称为"明四家"。

文徵明（1470—1559）和唐寅同一年出生，但两个人性格、际遇完全不同，可以说是"才子人生"的两种经典版本。唐寅少年得志，很年轻的时候名气就很大，15岁在一次考试中得了第一名，28岁应天府乡试第一名。本来有着远大的前程的他，却因牵连进一个舞弊案，进了监狱，出狱后一直潦倒，靠卖画卖文为生，53岁那一年就去世了。而文徵明的人生，恰恰就在53岁才刚刚开始，考了7次都落榜的他，这一年终于有人推荐他当了一个翰林院待诏的小官。但做了没有多久，就不习惯官场的风气，辞职回了苏州，安安静静地画画、写字、造园，一直活到了89岁。

◎ 文徵明像

书画、园林、音乐、文学，成了文家的传统，从文徵明到文震亨，文家的人几乎都是画家、诗人、设计师，用今天的话来说，都是生活家。文徵明扩建了停云馆，文震亨的父亲营造了衡山草堂、兰雪斋、云敬阁、桐花院，他的哥哥文震孟建了生云墅、世纶堂，他自己建了香草堂。

文徵明参与了拙政园的设计与改造。1533年，根据园中的景色，画了三十一幅图，每一幅图后还附了一首诗，叫《拙政园图咏》，又叫《拙政园三十一景图》，还写了一篇《王氏拙政园记》。

拙政园的拓建缘于一位士大夫的心灰意冷。明代弘治、正德年间，御史王献臣因为正直而遭到诬陷，一贬再贬，到了1509年，他辞掉了小官，回到老家苏州，买下大弘寺，开始建拙政园。"拙政"两字源于晋代潘岳《闲居赋》中的一段话："于是览止足之分，庶浮云之志，筑室种树，逍遥自得。池沼足以渔钓，春税足以代耕。灌园鬻蔬，以供朝夕之膳；牧羊酤酪，以俟伏腊之费。孝乎惟孝，友于兄弟，此亦拙者之为政也。"

王献臣的意思大概是：我只不过一名愚人，哪里管得了国家大事、天下盛衰，能够种种菜，浇浇花，照顾一下家人，就算不错了，就算是在做"政事"了。这与陶渊明"守拙归园田"的意思其实是一样的。这姿态仿佛谦虚，实则清高。

王献臣的心态，文徵明应该是有共鸣的，后来的文震孟、文震亨也应该是有共鸣的。园林映射出明代社会的特点，一方面是富裕，是商业的觉醒，是向着海洋的远行，另一方面是封闭，是权斗的残酷。残酷到什么程度呢？以崇祯时期为例，崇祯（1611—1644）在位 17 年，有人统计过，他换了 50 位内阁大学士（相当于宰相），杀死两个内阁首辅，其他杀死或关押的省部级官员，多达一百人以上。崇祯十四年，关押在监狱里的具有大臣资历的官员就多达 145 人。

文徵明在北京期间给岳父写过一封信，提到"前日议礼，杖死者十六人：翰林王思、王相，给事中裴绍宗、毛玉、张原，户部申良、安玺、杨淮，礼部许瑜、臧应奎、张洁，兵部余祯、李可登，刑部胡琏、殷承叙，御史胡琼。充军者十一人：翰林丰熙、杨慎、王元正，给事中张翀、刘济，部属黄待显、陶滋、余宽、相世芳，御史余翱，大理寺正毋德纯。为民者四人：给事张汉、张原、安监，御史王时柯。"

在这样的情况下，像王献臣、文徵明、文震亨这样的人，就选择回到江南，慢慢形成了一种园林式的生活方式，文震亨在《长物志》里提到，一般人很难去深山里隐居，但可以做到在都市里把自己的居所弄得雅致、洁净，而这个居所，最好的形式就是园林。《长物志》谈论的是生活方式的方方面面，但基本的落脚点在园林，因此《长物志》也被看作是造园的书籍。

在《长物志》里，园林是出世入世之间的一种平衡，薄薄的一堵墙、一扇门，跨进来，就出了世间；跨出去，就到了世间。在那里面生活，既不失世间的热闹，又蕴涵着世外的高逸。园林的门，似乎能把人事的风波关在门外，而将安稳与宁静留在里面。在这个意义上，《长物志》构造的不只是园林这样一种形式，更是在精神层面，为那些热爱生活的人，为那些厌倦争斗和平庸的人，为那些唯美主义者，在热闹的尘世构造

了一个桃花源。

从时代的大背景看，《长物志》不只是记录了一些闲暇小事和小玩意儿，而是写出了中国人对于美好生活的真切向往。如果说，像《论语》、《庄子》、《坛经》那样的经典，讲的是美好生活应该具备什么样的精神境界，那么，像《长物志》这样的书，讲的是美好生活的具体样子是什么。

美好生活一定要有美好的"室庐" | 零壹

元素一

《长物志》分为十二卷，每一卷一种物类。为什么要选这十二种物类？在文震亨看来，这十二种物类，其实是十二种生活的元素，根据这十二个元素，才能构建一个理想的家，一个理想的园林，用现在的话来说，才能构建美好的生活。

第一个元素是"室庐"。室庐，就是房子、建筑物。伍尔夫说女人一定要有自己的房子，何止女人，每一个人都一定要有自己的房子。房子是生活的基本元素，满足的是人的居住本能。《长物志》认为最理想的居住地，是在山水之间，次一等的，是在村子里，再次一等的，是在郊区。这样的次序，体现了中国人的自然观，越是自然的就越是美的，就越是符合天道的。

但是，大多数人不可能住在山水间，也不可能住在村子里，甚至住在郊区都不容易做到，只能住在喧嚣的都市，怎么办呢？文震亨说那也没有关系，你只要做到门庭雅洁高致、房舍清洁美好、亭阁台榭有旷达之士的情怀，房间楼阁有隐士的风致，也就和山水之间一样了。

进而文震亨提出了关于房子（居住）的最高标准：令居之者忘老，寓之者忘归，游之者忘倦。意思住在这个空间里会使人忘掉时间，忘掉自己年岁的老去；客居在这个空间，会流连忘返，忘掉了回去；游览在这个空间，会让人不觉得疲倦。那么，不管这个房子在哪里，不管这个房子是简单还是复杂，就都是好房子。也就是说，房子不在于华丽，而在于是否给人带来自由宁静的感觉。

坏的房子，就像镣铐、鸟笼、兽圈，住在里面感觉束缚、压抑。

这个标准也适用于今天的商业空间和公共空间，好的空间，一定会让人停留下来，流连忘返，忘掉了时间。

那么，怎么样才能达到这个标准呢？文震亨排列了一组和房子有关的事物：门、阶、窗、栏杆、堂、山斋、佛堂、桥、茶寮、琴室、浴室、街径／庭除、楼阁、台，等等。

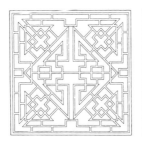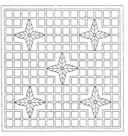

○ 窗 纹样

这些事物的组合，体现了文震亨对于好房子的具体描述。好房子当然要有好的门、台阶、窗等细节性的东西，也要有佛堂、琴室等灵性的空间，当然也要有浴室这样的实用性空间。

这些事物组合起来，构成了一个身体和心灵都可以安静、清净下来的场域，在这个场域里，你可以真切体味到美好生活的韵味：内与外的连接，内部不同区间的相互贯通，远望，停留，思考，品味，欣赏……

接着，讲了很多忌讳，比如，忌用天花板；忌用五根立柱；小房间忌在中间隔开；忌在墙角上画各种花鸟；忌在墙上挖洞；进门的地方，忌太直，要有一定的曲折；忌在墙上用空框当橱柜；等等。

然后，总结关于房子的总的美学原则，在我看来，也是最基本的生活美学原则：

宁古无时

宁朴无巧

宁俭无俗

宁古无时，很容易被理解成复古。但文震亨的意思，并不是古的就是好的，而是说不要赶时髦，不要凑热闹，面对变化的潮流，还不如恪守经典。这个"古"，理解成经典更确切。就像我们今天，变化实在太快了，信息实在太多了，多到我们不可能读完、看完、听完。这个时候，也许应该安静下来，不如回到经典，读读那些已经经过时间考验的经典，收获会更大。经典没有时间性，是永远的时尚。比如我们在房间里挂书画，如果我们对时髦的东西很难判断，那还不如挂经典的作品，肯定不会错，也不会过时。

宁朴无巧，讲的是不要太用力，太刻意，这个"巧"有"取巧"的意思，不是"巧妙"的巧，是"弄巧成拙"的那个巧。设计上，布置上，最高的境界是让人感觉不到设计、布置，以为很自然就是如此。

宁俭无俗，《说文》上解释"俭"字：约也，大意是节约、简约，有自律、克制等含义。宁愿简约，甚至简单，也没有关系，但千万不要俗气。一部《长物志》，核心的主题就是如何不俗气。俗气在文震亨看来，是最大的毛病。什么是俗气？从《长物志》里的具体论述可以找到回答。这个词组把"俗"和"俭"相对，意味着所谓俗气，就是张扬、铺张、繁复……

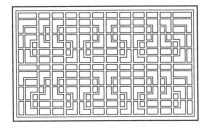

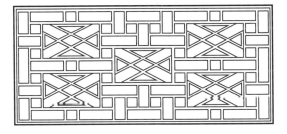

○ 窗
　纹
　样

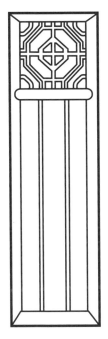

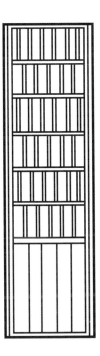

○ 门
　样
　式

美好生活一定要有美好的"花木" | 零贰

元素二

第二个元素是"花木"。为什么我们的生活里要有花木？文震亨说的第一个理由是，"弄花一岁，看花十日"。养花的意义在于过程，漫长的种植、养护，灿烂的开放只有短短十天，甚至几天，让我们对于美有一种很深的珍惜。花木固然消磨时间，但在消磨时间里，培植我们对于美的领悟。

文震亨说的第二个理由是花木可以在空间里创造图画。他具体讲了种花的原则，空间上有"近观"和"远望"的变化，时间上有四季的变化。比如，桃李不能种在庭前阶下，一定要种在可以远观的地方。而庭前阶下，可以种一些弯曲的枝叶、古老的树干。再比如冬季一定要有腊梅。而带有苔藓的梅花从山中移植到自家的花栏里，最为古雅。至于杏花，开花的时候，往往是风雨季节，所以，适合短时间观赏。至于蔬菜、瓜果，一定不能种在庭院里，要另外辟出空地来种植。

在文震亨看来，花木的合理设置，会让家变成一幅图画，我们就好像活在图画里。花木把日常生活变成了诗意的境界。我们的生活里为什么要有花木？因为花木直接把大自然的色彩和静谧带进了世俗里。在厨房里做菜，抬头，对面窗台上的一盆盛开的花，或者，窗外的老树丰茂的树叶好像要伸进房内，一下子就有超然的感觉。

在《花木》这一卷，文震亨列出了以下具体的花木：牡丹、芍药、玉兰、海棠、山茶、桃、李、杏、梅、蔷薇、木香、玫瑰、葵花、罂粟、芙蓉、萱花、玉簪、藕花、水仙、杜鹃、松、木槿、桂、柳、芭蕉、梧桐、竹、菊、兰、瓶花、盆玩，等等。

对这些花木又做了细分，比如，葵花分为四类：向日葵、秋葵、戎葵、锦葵，分类之后又有评判，向日葵最差，秋葵最好。再如，把"李"和"桃"比较，桃花像美女，

桃花

歌舞场少不了，而李像女道士，适宜种在烟霞缭绕的山泉石林之间。

文震亨对玫瑰很排斥，觉得很俗气，只适合做食品，不适合佩戴；但对萱花则非常喜欢，萱花又叫忘忧草，适合种在墙角、岩间。

美好生活一定要有美好的"水石" | 零叁

元素三

第三个元素是水石。为什么我们的生活需要水石？文震亨说："石令人古，水令人远，"意思是石头会让我们觉得古雅，水会让我们觉得悠远。水石布置的原则是：回环峭拔，穿插得当。

古雅和悠远，是美学层面的。石头是山的变体，所以，水和石，实际上也是山和水，仁者乐山，智者乐水，这是哲学层面赋予水石的意义。当我们在生活里设置水石，其实是在提醒自己，美好的生活需要刚柔相济，需要智慧和仁慈并存，需要流动和坚持并行不悖。

水石这个词可以和"山水"这个词对应。家里的水石，象征性地把山水带进我们的日常生活。山与水意味着什么呢？《辞源》："水，泛指水域，如江河湖海，与'陆'对称。山，陆地上隆起的部分。"山与水显然构成了我们所赖以生存的最基本的环境元素。

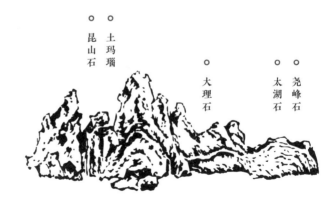

魏晋出现"山水"这个词组，同时出现了山水诗这样的文类。可以说，山水这个词的诞生即意味着我们已经将我们生存的世界一分为二：社会的与自然的，而山水在很大程度上是自然的同义词。山与水成了外在于我们的一种审美对象。

自此到晚清，中国文化始终回荡着山水的韵律。这种文化特质恰恰说明了，中国人很早的时候就已经成熟了一种与山水相隔阂的尘俗世界，而在内心又对这个尘俗世界充满抵触，想着要回返山水。

山水成了我们之外的别一世界，成了我们超越、逃避的一个去处。欧阳修《醉翁亭记》："环滁皆山也。其西南诸峰，林壑尤美。望之蔚然而深秀者，琅琊也。山行六七里，渐闻水声潺潺，而泻出于两峰之间者，酿泉也。峰回路转，有亭翼然临于泉上者，醉翁亭也。作亭者谁？山之僧曰智仙也。名之者谁？太守自谓也。太守与客来饮于此，饮少辄醉，而年又最高，故自号曰醉翁也。醉翁之意不在酒，在乎山水之间也。山水之乐，得之心而寓之酒也。"

欧阳修在滁州郊外纵情山水的时候，正是官场失意之时，也就是说，现世里的种种忧闷、羁绊，到了山水之间，就好像被涤除干净。莎士比亚《皆大欢喜》中的公爵说："我们的这种生活，虽然远离尘嚣，却可以听到树木的谈话，溪中的流水便是大好的文章，一石之微，也暗寓着教训；每一件事物中间，都可以找到些益处来，我不愿改变这种生活。"阿米恩斯说他真是幸福，能把命运的顽逆说成这样恬静与可爱。

文震亨描述的"水石"带来的效果：一峰则太华千寻，一勺则江湖万里。构成的，就是一幅山水的想象。为了强化这种山水效果，他又说应当增加一些修竹、老木、怪藤、碧崖绿水、飞泉激流，让水石看起来更像完整的山水。

零肆

美好生活一定要有美好的"禽鱼"

第四个元素是禽鱼。我们的生活里为什么需要禽鱼？文震亨没有正面回答，只是用了一个画面：鸟儿掠檐低飞，鱼儿在水中的植物里穿行游曳。然后他说，这样的画面一下子就让人一整天都忘掉了人世的疲倦。

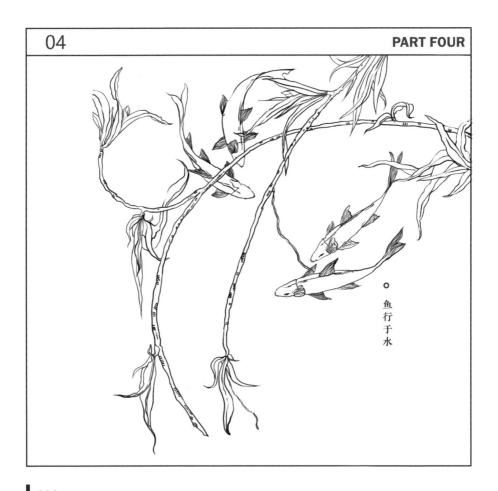

○ 鱼行于水

"花木"、"水石"，都是静态的自然的东西，禽鱼是动态的自然的东西。鸟儿，鱼儿，都是活泼泼的生命，一个在水中，一个在天上。它们的形姿、神情、动作、声音，细微而无限变化，值得我们不断品赏。

文震亨讲了园林里养鱼养鸟的原则，一个是选的品种要雅洁，一个是要用心去养护，熟悉它们的性情。同时他也提到，养鸟养鱼，也是一种山林经济，意思是隐居山里或喜爱山林生活的人，必须具备的学问知识。

在"禽鱼"名下，文震亨列出如下的名目：鹤、鹦鹉、百舌、画眉、鹳鹆（布谷鸟）、朱鱼、鱼类（金鱼的分类）、鱼尾、观鱼、吸水、水缸，等等。

涉及鱼、鸟的种类，种类之间的比较，养鱼的工具，以及如何欣赏鱼，文震亨说，欣赏鱼有三个场景，第一个是一大早，太阳出来之前，鱼在碧绿的清水里游动；第二个是凉爽的月夜，月光洒在碧波之上，鱼儿穿梭跳跃；第三个是微雨，风徐徐吹来，水好像慢慢在溢满，鱼儿平静地在水下游动。

对于鸟的品类，文震亨认为在山林间，鹤的品格最高，其他的鸟都不入品。苏州附近华亭的鹤最有名。从前，吴国灭亡了，华亭人陆机北上洛阳，一直在西晋权力中心厮混，后来满门抄斩，临死时感叹："华亭鹤唳，岂可复闻？"还能听到家乡鹤鸟的鸣叫吗？还能退回到从前吗？

关于鸟，想起几句古诗：王维的"月出惊山鸟，时鸣春涧中"，"春去花还在，人来鸟不惊"。

李白的"众鸟高飞尽，孤云独去闲"。孟浩然的"春眠不觉晓，处处闻啼鸟"等等，无数的鸟儿徜徉在无数诗人的意境里。

关于鱼，有一个很玄很美的故事，出自《庄子·秋水》。庄子和惠子一起在濠水的桥上游玩。庄子说："儵鱼在河水中游得多么悠闲自得，这是鱼的快乐啊。"惠子说："你又不是鱼，怎么知道鱼是快乐的呢？"庄子说："你又不是我，怎么知道我不知道鱼儿是快乐的呢？"惠子说："我不是你，当然不知道你的想法；你本来就不是鱼，可以确定你一定不知道鱼的快乐。"

庄子说："还是回到最初的话题，你问我'你哪里知道鱼儿的快乐'，就说明你很清楚我知道，所以才来问我是从哪里知道的。现在我告诉你，我是在濠水的桥上知道的。"

一 零伍 一

美好生活一定要有美好的"书画"

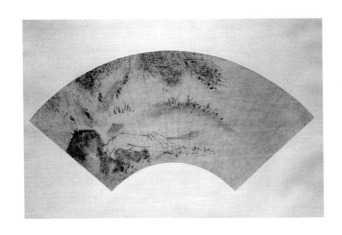

第五个元素是书画。我们的生活里为什么需要书画？文震亨给出一个最大的理由是，像黄金、珍珠那样的可以不断挖掘的东西，人们都很珍贵它们，而书画是在宇宙里，是不可复制的、独一无二的，那些伟大的书法家和画家，都不能死而复生，所以，书画是无价的。

文震亨的表述里，暗含着一个意思，就是书画带给我们的是，体味人类那种独创的美和韵味。

既然书画如此珍贵，所以要特别爱惜。那些懂得收藏而不懂得鉴别，懂得鉴别而不懂得赏玩，懂得赏玩而不懂得装裱，懂得装裱而不懂得分别等次的，都不是真正的书画收藏家。

收藏里面没有晋、唐、宋、元时期的名家真迹，算不上有分量。如果只是听人说三道四、追逐风尚，拿着书画，不是谈艺术，谈真伪，却大谈价钱，这种人是十足的恶趣味。

文震亨谈到如何欣赏书法，他说欣赏书法要静心观看，先看笔法和结构、意境之间的呼应，次看人工和天然，自然和勉强，再看古今题跋，以及来历，最后看印章题字、纸张、绢素。围绕这四个角度，展开辨识、判断、评价，看出真伪、高下。

画的标准是什么呢？文震亨的看法是，从类型而言，山水画最好，竹、兰、石次之。人物、鸟兽、楼殿、屋木的画中，小幅的较差一点，大幅的就更差一点。总之，只是形似的画显得呆板，神似的画，就会生动，审美价值也越大。

收藏书画是不是越古越好呢？也不尽然。文震亨认为，书法的优劣确实可以以年代为界限，宋元比不上六朝和唐。而绘画，佛道、人物、牛马之类的画，近代不如古代的；但山水、林石、花竹、禽鱼之类的画，古代的就不及近代的。

"书画"作为一种生活元素，重点不在于书画，而在于收藏这种行为本身。一般来说，收藏是富裕之后的选择。财富积累到一定程度，就会开始收藏。收藏一方面是爱好，是欣赏，把自己喜欢的东西珍藏、保留、玩赏，另一方面，也是清理、甄别、投资。收藏是一个涵盖了艺术和商业的行为，但更重要的，收藏是个人对于传统的参与，通过收藏，个人参与了传统的传承、保留。

所以，美好的生活一定要有美好的"书画"，也可以说成：美好的生活一定要有美好的收藏。虽然今天"书画"仍然是收藏的主要品类，但实际上，我们完全可以跳出"书画"的框框，把收藏理解得更为宽泛。任何一个人，不论有钱没钱，都可以做收藏。比如，每一个人都可以做家庭收藏，就是把家庭的历史资料收集整理，把孩子从小的照片，写过的一些纸片留存起来。

很多年前，去一个法国朋友家里，她家有一面墙贴满了从她祖父、祖母到她父母，再到她自己以及小孩的各种影像、文字资料。非常温馨，也非常震撼。这样一面墙，就把家庭的源流融到了自己的日常里。

收藏的根本是收藏美好，收藏记忆，是收藏我们心中那些美好的事物，那些值得我们去记忆的东西，那些不能用功利衡量的东西。所以，文震亨非常看重鉴赏时候的神圣感，在他看来，看书画的时候，就像看着一个美人，不能有丝毫粗俗浮夸。细节上，翻开的时候要特别小心，不要损坏；灯下不能看，因为古代用煤油，担心煤油会掉落；饭后酒后看，都要先洗手；遇到不懂鉴赏的人，一定要秘藏，不要谈论收藏的书画，只有遇到知音，才可以一起欣赏。

像武则天这样夺得了天下的人，享尽了荣华富贵的人，最后的愿望是，死后陪她下葬的一定要王羲之《兰亭集序》那幅书法。大概在她的心中，只有王羲之的那幅字，才是世间的最美。

美好生活一定要有美好的"几榻" | 零陆

元素六

第六个元素是几榻，就是我们现在说的家具。我们的生活里为什么要有"几榻"（家具）？当然是为了实用，为了坐、睡觉、放置物件等等。文震亨把实用作为家具最基础的属性，没有实用，一切无从谈起。所以，他批评当时制作家具的风气过于雕绘装饰，而不讲究实用。

文震亨心目中的家具，是古代的家具，形式不一，但都古雅可爱，在居室里起到坐卧凭靠的作用，给人方便舒适，可以在上面读书赏画、陈放古代祭器、摆放菜肴果蔬、放置枕头席子之类。

中国人坐卧的习惯，一直到秦汉时期，还是以跪坐在席子上为主，大约到了魏晋时期，榻才开始流行。从坐席到坐榻，是生活方式的一个变革。文震亨把榻的定式确定为：高一尺二，长七尺有余，宽三尺五寸，周围设置木栏杆，中间铺设湘竹，床脚不能摇晃，三面有靠背，后背和两旁的靠背相等。

实际上，明代以前，榻的形式一直在演变。文震亨提到元代的榻，但"榻"这个词，西汉后期已经出现，《释名》："长狭而卑者曰榻。"《后汉书》："特设一榻，去则悬之。"大概可以想象出当时的榻，是狭长而矮小的形状，是临时用来招待客人休息的坐具，客人走了就把它悬挂起来，据说"下榻"这个词就是这样来的。

魏晋之后，榻和床是混合的，一般的榻同时具有坐和卧的功能。《说文解字》："榻，床也。"《通俗文》："床三尺五曰榻，……八尺曰床。"成语"卧榻之侧，岂容他人酣睡？"都说明榻有"卧"的功能。文震亨提到了一种"短榻"："可以习静坐禅，谈玄挥麈，更便斜倚。"说明在古代中国，榻除了坐、卧，还有其他很多功能，自己坐禅，和朋友聊天、玩赏，都可以在榻上进行。

榻这种很特别的设计理路，在今天并不过时。

桌子类家具，中国古代有桌、案、几这三个主要名称。文震亨列了"书桌"、"方桌"、"壁桌"三类桌子，列了"几"、"天然几"二类几。没有提到"案"。一般而言，桌子是日常用的，而案是在隆重场合使用的，几是休闲用的。

几最有文化意味，出现也很早，《诗经·大雅·公刘》："俾筵俾几，既登乃依。"意思是为宾客铺好席、几，然后，宾客们登上筵席，靠在几上。《周礼·司几筵》有关于几的礼制，"司几筵掌五几、五席之名物，辨其须知与其位"，几的不同装饰代表不同的地位等级，行使不同的礼仪。

几也常常和香、茗、花联在一起，有香几、茶几、花几。

几可能是传统家具里最有想象空间的，也最有可能在今天仍然具有实用性，也就是说，可能是最值得开发的文创产品。

明代被认为是家具的黄金时代，文震亨在"几榻"下列出了如下家具：榻、短榻、几、禅椅、天然几、书桌、壁桌、方桌、橱、床、箱、屏，等等。从这些家具，可以梳理出晚明的家具系统，进而看出当时文人理想的家居生活是什么样子的。

元素七

第七个元素是器具。我们的生活里为什么要有器具？文震亨没有直接回答，但他列出的那些器具本身回答了这个问题，香炉、笔筒、书灯、如意，等等，大抵和书房、香道等有关，这些器具和家具不太一样，家具基本上是刚需，桌子、椅子之类，是日常的需要；但香炉、文具之类，不一定是刚需，缺了它们生活照样，但缺了它们，生活又好像少了点什么。

○ 香炉

没有书房，当然不会影响到衣食住行，但会影响到心境、情志。打蛋不用器具也可以，直接用手就打开，但打蛋器好像让打蛋这件事变得更有趣味了。手机没有手机壳也可以，但多了一个手机壳，好像让手机变得更有点意思了，手机是用的，手机壳当然也是用的，但用的过程有把玩的成分。

○ 香炉

焚香在一个盘子里也可以，但用香炉、香筒，就多了很多意趣。所以，器具不一定是实际的"使用"，但却是展现个性、意趣的"使用"。我们在生活里使用器具，更多的是出于我们自己的爱好、审美。

所以，文震亨对于器具的定义是"风雅之物"。家里面的居室、窗台、几案之间，片面追求华丽、讲究陈设，只让这个家显得很俗气；应该放置一些"风雅之物"，也就是器具，才能提升整个家居环境的格调。

虽然是可有可无的风雅之物，但文震亨非常强调器具的"使用"性，就是说，器具不是摆设，而是使用的东西；器具的价值是在"使用"中体现出来。香炉如果只是一个摆设，不去每天焚香，那么，整个香炉就没有意义。就像我们书房里放了很多书籍，但从来不去读，落满了灰尘，那么，书房就没有意义。再好的花瓶，如果不是经常去插花，那么，放在那里是一个普通的瓶子；花瓶因为花而有意义。

文震亨也很强调器具的"精良"性，也就是说要么不配置，一旦配置，就一定要选择制作精良的。他批评了当时的一种风气，追求在器具上题字、铭刻金石，但对于质地却不讲究。他推崇古人的做法，上至钟、鼎、刀、剑、盘、匜，下至笔墨、纸张，都以制作精良为乐趣。

文震亨对于器具的理解，回到了儒家关于"器"的理念。孔子说："君子不器"，意思是君子不能只满足于当一个载体，当一个工具，而应该有更远大的志向，更广阔的格局。但另一方面，所谓的道，所谓的远大志向、广阔格局，又必须通过"器"来传达。

文震亨如此强调使用、精良，背后的意思是，我们拥有的器具，一定要反映我们的美学意识和文化素养。否则，不过是一堆用来显摆的杂物。像今天我们有些人，一出去旅行就忍不住买各种工艺品、纪念品，拿回来堆在家里，像个杂物铺，没有任何意义；有些人看到什么就买回来，却没有什么用，只是扔在家里或办公室里，成为杂物。

这些堆放着的杂物，会慢慢侵蚀我们的生活。

所以，今天有"断舍离"的说法，也有"收纳"的方法。

文震亨讲的是"物尽其用"，美好生活确实需要美好的器具，但美好的器具：一定是我在使用的；一定是制作精良的。

零捌 | 美好生活一定要有美好的"位置" |

第八个元素很特别，不是具体的事物，而是"位置"。这个位置，有动词意味，是位置之法，就是如何排列、置放各种物。再好的物，如果不放在合适的位置，它的好就显现不出来。所以，仅仅有好的物是不够的，还要懂得如何摆放它们，让它们在合适的位置闪闪发光。这大概可以回答为什么我们的生活里要有"位置"？

那么，什么是位置之法呢？

文震亨的第一个原则是"因时因地制宜"。随着季节、时间的不同，布置也有所不同。"敞室"的概念就是典型的季节性布置。古代没有空调，所以，在夏天，居住环境就要有所更新，要把栏杆等繁复的东西拆掉，多种些树木，不宜挂画，等等，要达到白居易说的效果："何以消烦暑？端居一院中。眼前无长物，窗下有清风。散热由心静，凉生为室空。此时身自保，难更与人同。"

即使今天我们有了空调，但在炎热的夏天，房间里还是应该清淡一点，尽量减少厚重的东西。

不同的空间也有不同的布置方法。文震亨提到了不同的场所如何挂画，如何放置瓶花，以及卧室里应该如何布置，等等。今天，普通人家都有客厅、卧室、厨房、阳台、杂物房等，布置上应该有不同的讲究。

文震亨提到"小室"的概念，建议在这个小室里，不需要太多家具，只要一个古制的窄边书几，上面放些小巧雅致的笔砚、香炉之类的东西。另外再放一只石制的小几，放些茶具。一个小榻，用来休息。不需要挂画，但可以放些奇石，或供奉佛像。

讲的是"小室"这样的空间里如何布置，实际上是在展现一种生活方式。在家里辟出一间房，不大，但里面简约，有心灵气息，忙碌的日常里，一旦进入这样的空间，就能让自己静下来，有离尘脱俗之感。

即使我们的住宅不是别墅，只是一般的二房或三房一厅，也还是能够通过巧妙的设计，在自己家里设置一个"小室"；这个"小室"哪怕只有二三平方米，却带给我们无垠的宁静。

第二个原则是空间布置一定要达到洁净的境界。

文震亨举了倪云林作为榜样。他说，倪云林的居所，在高树古树之间，仅仅放了一张几一张榻，却令人感受到他的风致，让人神清气爽。倪云林（1301—1374）名瓒，生活在元代明代交替之间，一生专注于山水和绘画，不愿意做官。朱元璋曾召倪瓒进京供职，他坚决推辞了。他有一句诗："只傍清水不染尘"，很能反映他的生活态度。

倪云林的"不染尘"，在普通人眼里，就成了"洁癖"，关于他的洁癖，有种种传说。据说，有一次，一位朋友住在他家，夜半有咳嗽声，倪云林认为这个朋友一定会吐痰，早晨起来，就让佣人查看有没有痰迹，遍查没有，最后在一棵梧桐树下看到了，就把这棵梧桐清洗了又清洗，后人把这个故事叫"洗桐"。

又传说因为爱干净，倪云林一生几乎不近女色。对于不喜欢的人，也直接拉黑，给脸色。所以，在传说里，倪云林有点怪得不近人情。

文震亨很喜欢倪云林的画，也喜欢他的为人，喜欢的应该是他的洁净，和这个世界保持距离，迷醉于自我的唯美境界。

文震亨认为一个有品味的人，一进他的家门，就应该有高雅绝俗的趣味。假如家门口养猪养鸡，而在后面庭院里浇花洗石，那还真不如尘土布满案几、四壁矮墙，还能给人一种萧瑟闲寂的气息。

现代城市里的公寓，一进门往往就是鞋架，客厅一览无余，如果稍稍用点心思，用花木或工艺品，甚至用水石做一点简单的摆设，和整个客厅有所呼应；一进来有曲折之感，好像进了某种意境里，每天回家开门就是心安。

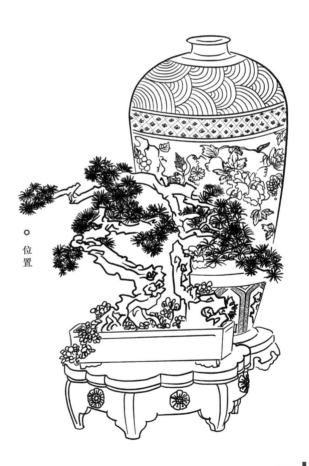

○ 位置

美好生活一定要有美好的"衣饰" | **零玖**

元素九

第九个元素是"衣饰"。我们的生活里为什么需要"衣饰"？不言而喻，需要保暖。又不言而喻，就像文震亨说的，衣服代表着你的品味。用张爱玲的话说，"对于不会说话的人，衣服是一种言语，随身带着的一种袖珍戏剧。"

。衣饰

那么，穿衣的原则是什么呢？文震亨泛泛地说"要合时宜"。

合时宜的第一个要点是：不要穿得过于随便、破烂，但也没有必要过于讲究，穿金戴银之类。一个有品味的人，夏天穿葛麻，冬天穿皮袭，沉静文雅，在城市里穿着应当儒雅，在山林闲居，穿衣应当飘逸。

合时宜的第二个要点是：穿着要符合自己的身份，不要去穿官员的衣服，也不要学富豪"侈靡斗丽"。官员穿的衣服，好像今天某种职业的制服，应该在特定的工作场合穿。即使是官员，回到了家里，平时也不应该穿官服。普通人把衣服做成制服的样子，显得不伦不类。至于富豪可以显示自己富豪的穿着，就像我们今天说的土豪，更不应该学习。

合时宜的第三个要点是：穿着要考虑一个时代特定的规则。文震亨简略地把中国各个朝代的服饰特点叙述了一遍，汉朝"蝉冠朱衣，方心曲领，玉佩红鞋"；隋朝"幞头大袍"；唐朝"纱帽圆领"；宋朝"檐帽襕衫、申衣幅巾"；金元朝"巾环襟领、帽子系腰"；到文震亨自己生活的明代"方巾团领"。他说这是历代的制式，不敢轻易妄议。

显然，文震亨讲穿衣，就像整本《长物志》，是写给男性看的，写给文人雅士看的，是文人雅士生活的指南，所以，并没有涉及女性。他说的各种衣服，因为是男性穿的，非常简单。

在他罗列出的服饰里面，能够显现个人风格的，大约是"禅衣"、"道服"、"笠"、"巾"等。值得一提的是，这些衣饰最近几年有复兴的趋势，尤其是"禅衣"、"道服"，越来越受到欢迎。

张爱玲有一篇《更衣记》把中国女性的服装变迁梳理了一遍，如果配合文震亨这一卷"衣饰"参读，我们获得的关于衣饰的知识会更多，对于衣饰也会有更深的理解。在《更衣记》里，张爱玲对于衣饰的流变，所谓时尚，有深刻的观察：

"时装的日新月异并不一定表现活泼的精神与新颖的思想。恰巧相反。它可以代表呆滞；由于其他活动范围内的失败，所有的创造力都流入衣服的区域里去。在政治混乱期间，人们没有能力改良他们的生活情形。他们只能够创造他们贴身的环境——那就是衣服。我们各人住在各人的衣服里。"

一 拾 一

美好生活一定要有美好的"舟车"

第十个元素是舟车。舟车是旅行（行走）的工具，当我们说美好生活一定要有
美好的舟车，其实是在说美好生活一定要有美好的出行。文震亨在"舟车"卷
的总论里描述了在舟车上所能体验到的种种美好，他说，那些大船巨舰，不是
普通读书人所能拥有的，就像今天，豪华邮轮、飞机、房车等都不是普通人可
以拥有的。如果小船小艇，又不能满足休闲起居的需要，就像今天一辆自行车
或摩托车，或三轮车之类，并不能满足旅行中的各种需求。

那么，怎么办呢？文震亨说，交通工具重要
的是窗户栏杆尽可能精致，至于室内或舱外
的陈设，适宜就行了。这是说，交通工具不
在豪华与否，而在于能否很好地欣赏外面的
风景。具体说，就是迎来送往的时候，可以

尽离别之情；登山观水的时候，可以发思古之幽情；冬天可以用来踏雪戴月，抒发高远的情致；在船上可以共享良辰美景，或看美女乘舟采莲，或听子夜泛舟清吟，或赏江中的歌舞；都是人生中快意的事。

至于说到方便，他说篮舆是最好的。篮舆是个人抬着的竹兜，陶渊明不愿意坐官府的轿子，就叫他的儿子用篮舆抬着他。文震亨说篮舆只要规格适宜、样式新雅，就能登高涉远，不一定非要华丽的车才能行驶顺畅。

文震亨在"舟车"卷里，强调的，是我们乘坐"舟车"的时候，不只是为了交通，而是为了审美。我们去坐船，不只是为了从此地到另一个地方，更是为了在船中欣赏美景。出行的目的，不仅仅为了交通，也是为了审美。

套用现在的情况，我们出行不一定要有自己的游艇或私人飞机，不一定要有豪华跑车；今天发达的公共交通系统，已经为我们提供了足够的方便，飞机、邮轮、公交车、地铁、高铁等等，为我们带来了不同的出行体验。

重要的不是我们坐的车有多豪华，而是我们在出行中能否欣赏沿途的人情风物。我们可以选择邮轮在海上漂流几天几夜甚至一个月半个月，可以和家人一起，也可以和朋友或一个人；可以选择火车在山川之间、城市之间穿行，几个小时，或者十几个小时。也可以选择自己驾驶汽车，探索陌生的道路。当然，也可以骑着自行车兜兜转转在街巷之间。

今天我们上山游览，也不需要篮舆或巾车，更便捷的索道带着我们去到高山险峰，看到的是广阔的风景。

文震亨在"小船"条目下描述的情景，还是令人神往。小船在池塘里，或湖面上，或者停靠在杨柳间的岸边，执竿垂钓，吟风弄月。徐志摩的诗句：

寻梦？撑一支长篙，
向青草更青处漫溯；
满载一船星辉，
在星辉斑斓里放歌。

写的是在英国剑桥的湖面泛舟，却也还有中国古人的意趣。又如卞之琳的《无题》：

三日前山中的一道小水，
掠过你一丝笑影而去的，
今朝你重见了，揉揉眼睛看

屋前屋后好一片春潮。

百转千回都不跟你讲，
水有愁，水自哀，水愿意载你
你的船呢？船呢？下楼去！
南村外一夜里开齐了杏花。

这艘船大约也是文震亨的小船吧。卞之琳《无
题》里还有一首诗：

隔江泥衔到你梁上，
隔院泉挑到你杯里，
海外的奢侈品舶来你胸前：
我想要研究交通史。
昨夜付一片轻喟，
今朝收两朵微笑；
付一枝镜花，收一轮水月；
我为你记下流水账。

我总觉得文震亨的"舟车"所要"交通"的，
也许就是卞之琳诗中说的"交通史"吧。

－ 拾壹 －

美好生活一定要有美好的"蔬果"

第十一个元素是"蔬果"。文震亨讲的"蔬果"，指的是以蔬菜水果为主的食品，这类食品不是为了充饥的，而是为了"消闲"和"趣味"。所以，他一开篇就批评了孟尝君，让上等客人吃肉，中等客人吃鱼，下等客人吃蔬菜，是非常势利的行为。

大量饮酒食肉，只是为满足口腹之欲，实在是饮食最低级的境界。

应该像古人那样，精心准备野味野菜，不是为了果腹，而是为了白天清谈，夜晚消闲。名酒山珍海味，应该既可口，又悦目。可以吃，也可以观赏。酒器、食具要古雅、精致、干净。这才是把饮食当作了一种美学。

文震亨列出的蔬果：樱桃、桃李梅杏、橘橙、柑、枇杷、杨梅、葡萄、荔枝、枣、生梨、栗、菱、芡、石榴、白扁豆、茄子、芋、茭白、山药、萝葡，等等。

这些蔬果今天仍然是我们生活里常见的食物，其中相当一部分又是古代诗歌里的意象。"菱"让我们想起"采菱曲"；"芡"有杜甫的诗："身退岂待官，老来苦便静。况资菱芡足，庶结茅茨迥。"至于"荔枝"、"桃李梅杏"的诗就更多了。

文震亨谈论这些蔬果，并不谈它们如何做成菜肴，只是淡淡地介绍它们大概的来历，偶尔加一点历

○ 琵琶

○ 荔枝

史典故，像短短的小品文。他看重的不是吃本身，而是食物的趣味。吃是一件很简单的事情，但吃的东西，以及准备食物的过程、吃的过程，大约才是文震亨看重的。

林语堂曾说："中国人的对于饮食，当其围桌而坐，无不尽量饱餐。" 文震亨所谈，显然不是用以饱餐的食物，而是一些很清淡的，不太能够充饥的东西，而且偏于素食。

周作人曾说："看一地方的生活特色，食品很重要，不但是日常饭粥，即点心，以至闲食，亦均有意义，

只可惜少人注意。"不知道周作人有没有读过《长物志》里的"蔬果"卷，文震亨注意到的，就是闲食类的食物，不太引人注目，也不是餐桌上的主食。

周作人又说："我们于日用必需的东西以外，必须还有一点无用的游戏与享乐，生活才觉得有意思。我们看夕阳，看秋河，看花，听雨，闻香，喝不求解渴的酒，吃不求饱的点心，都是生活上必要的——虽然是无用的装点，而且是愈精炼愈好。"

文震亨的蔬果，就是不求饱的点心；其实，在美学上，也是生活的必需。

— 拾贰 —

▎美好生活一定要有美好的"香茗"▎

第十二个与元素是"香茗"。香茗是"香"和"茶"的合称。古人喝茶和焚香经常合在一起，所以，叫"香茗"。我们的生活为什么要有香茗呢？文震亨给出了六个理由：

第一个是谈玄论道的时候，香茗可以让人神清气爽；

第二个是意兴阑珊的时候，香茗可以让人畅怀舒啸；

第三个是摩拓碑帖、清谈闲吟、挑灯夜读的时候，香茗可以驱除睡意；

第四个是闺阁女子说悄悄话的时候，香茗可以加深情谊；

第五个是雨天闭门而坐、饭后散步的时候，香茗可以排遣寂寞消除烦恼；

第六个是宴会醉酒，香茗可以让客人清醒，夜晚聊天、在空楼里啸吟、弹琴唱和的时候，香茗可以解渴佐欢。

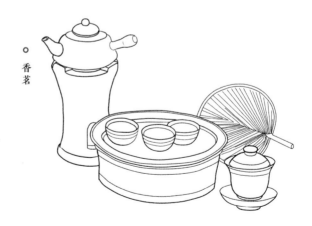

。香茗

这一段描述基本脱胎于明代屠隆的《考槃余事》里对于焚香的总结："物外高隐，坐语道德，焚之可以清心悦神。四更残月，兴味萧骚，焚之可以畅怀舒啸。晴窗拓帖，挥麈闲吟，篝灯夜读，焚以远辟睡魔，谓古伴月可也。红袖在侧，密语谈私，执手拥炉，焚以熏心热意，谓古助情可也。坐雨闭窗，午睡初足，就案学书，啜茗味淡，一炉初热，香蔼馥馥撩人。"

屠隆对于喝茶有专门的论述："使佳茗而饮非其人，犹汲乳泉以灌蒿莱，罪莫大焉；有其人而未识其趣，一吸而尽，不暇辨味，俗莫甚焉。"大意是如果不懂喝茶的乐趣、喝好茶却不辨味，就像猪八戒吃人参果，一口下去什么感觉都没有，那再好的茶也只会白白浪费。

中国人喝茶，据说起源于神农时代，已有 4000 多年历史。而焚香，据说起源于春秋时代，用于宫廷，有辟邪、驱虫、避瘟等功能。宋代的《梦粱录》里说："烧香点茶，挂画插花，四般闲事，不宜累家。"说明焚香、饮茶、挂画、插花已经很普遍，有些人甚至迷恋到"累家"的程度，所以，提醒大家这不过是一些"闲事"，不要给家里造成什么负担。

宋代苏东坡说人生有十六件赏心乐事：

清溪浅水行舟；

微雨竹窗夜话；

暑至临溪濯足；

雨后登楼看山；

柳阴堤畔闲行；

花坞樽前微笑；

隔江山寺闻钟；

月下东邻吹箫；

晨兴半炷茗香；

午倦一方藤枕；

开瓮勿逢陶谢；

接客不着衣冠；

乞得名花盛开；

飞来家禽自语；

客至汲泉烹茶；

抚琴听者知音。

其中就有喝茶、焚香。苏东坡不少诗写到焚香，比如《和黄鲁直烧香》：

四句烧香偈子，随风遍满东南。

不是闻思所及，且令鼻观先参。

万卷明窗小字，眼花只有斓斑。

一炷烟消火冷，半生身老心闲。

苏东坡的诗里写喝茶也很多，比如"休对故人思故国，且将新火试新茶，诗酒趁年华"，"戏作小诗君勿笑，从来佳茗似佳人"。这句诗把茶比作美女，后来的林语堂直接用"三泡"来比喻，茶在第一泡时是十二三岁的少女，第二泡时是十六岁的女郎，第三泡时是少妇；林语堂认为茶在第二泡时最为美妙。

中国人历来把焚香品茗看作是清雅之事，明代徐㶾说："品茶最是清事，若无好香在炉，遂乏一段幽趣；焚香雅有逸韵，若无名茶浮碗，终少一番胜缘。是故茶、香两相为用，缺一不可，清福者能有几人？"

但也并非一定要有钱有闲才能焚香品茗，普通人在日常生活如果"有心"，随时随地可以享受焚香和品茗的意趣。北宋的陆游有两首诗写到焚香，第一首：

"官身常欠读书债，禄米不供沽酒资。剩喜今朝寂无事，焚 香闲看玉溪诗。"（《假中闭户终日偶得绝句》）讲的是做官很忙，经济上也不富裕，但今天有空，就焚香读诗。

第二首："芭蕉叶上雨催凉，蟋蟀声中夜渐长。 翻十二经真太漫，与君共此一炉香。"（《雨夕焚香》）独自一人在秋凉初至的 夜晚，蟋蟀声里夜越来越深，灯下漫读经书，陪伴的，是那一炉香。

美好生活一定
是有标准的

在中国，讲人生道理的书，讲如何做人的书很多，但讲生活美学的并不太多，讲生活美学的，能够讲得实实在在的，也并不太多。晚明是一个生活美学兴盛的时代，在江南一带出现了一批生活家，不仅在生活中实践生活美学，而且也能用文字把生活美学讲清楚。

文震亨是其中的一个代表，他的《长物志》固然有不少瑕疵，一些段落甚至是直接引用屠隆等人的，一些论述也很主观，甚至偏颇，但总地来说，还是有它特别的价值。

《长物志》的意义，更多地在于它把物作了分类，而且在分类的过程里作出评判，定了标准，几乎是一本"什么是好物的标准"。在"香茗"卷里，文震亨在总论里就明白提出，茶里最好的是岕茶，香里最好的是沉香。十二卷里，每一类物，都有好坏的排序。

在这个分类和遴选的过程里，《长物志》为雅俗厘定了界限。沈春泽提到，由于一些纨绔子弟的附庸风雅，矫揉造作，引得当时真正有品味有才华的人不愿意谈论风雅之事了；而《长物志》为风雅的生活做了界定，是天下大快人心的一本好书。

沈春泽把《长物志》里的"雅"的标准作为了归纳："室庐规矩，贵在清爽秀丽、古朴纯净；花木、水石、禽鱼生动逼真，贵在秀美而悠远、和谐有趣；书画章法错落有致，贵在奇特飘逸、隽永俊美；几榻合规有度，器具有形有式，位置合适固定，贵在精致实用，简单自然；衣饰有两晋名士之风，舟车有武陵蜀道的意境，蔬果有仙境瓜果的风味，香茗有荀令、玉川的癖性，贵在悠远清淡，回味绵长。"

文震亨具体论述时，更加细致。中国人历来有雅俗之分，但到底什么是雅，什么是俗？大多停留在观念的探讨。《长物志》的好处是，直接告诉我们，什么样是俗的。所以，很多地方喜欢谈忌讳，忌讳什么什么，为什么要忌讳？因为那样做会显得俗气。

室庐卷，《海论》里面有十几个忌讳，构成了房子布置和设计的总的标准。

花木卷，对所列花木多有忌讳什么的论述，比如，"若桃柳相间便俗"，玫瑰"不甚雅观"，等等，对于各种花木应该放在什么位置，定出了基本的标准。

水石卷，对于人工瀑布、人工水池等的设计，以及各种石头的摆放，勾画了一个大概的标准。

禽鱼卷，是一本入门的养鱼、养鸟指南。什么样的鸟、鱼是雅洁的品质，如何观赏，等等，都有具体的描述。

书画卷，是一本入门的书画鉴赏指南，对于如何定价也有标准。

几榻卷，对于各种家具的设计、源流，有简洁清晰的讲述，是一本家具欣赏指南，也会给设计师很多灵感。

器具卷，对于各种器具做了鉴定，一本很实用的器具指南。

位置卷，讲的是挂画、放置器物或家具的方法，以及各种空间的布置方法。

衣饰卷，基本是雅士的一个穿衣指南。

舟车卷，讲了出行中交通工具的意义和选择。

蔬果卷，差不多就是一份简约主义的饮食清单。

香茗卷，介绍了各种茶类和香类，还介绍了各种焚香和品茗的用具。

文震亨的美学趣味，是非常文人化的，对于流行的东西很警惕，讨厌媚俗，希望在每一件物品上，以及在每一个生活细节里，都显现出不俗的品味。这种不俗的品味，他希望不是停留在观念，而是融进日常生活，是可以操作的。这应该是《长物志》的初心，厘定一套标准，告诉大家雅的生活是什么样的。

今天我们讲美好生活，《长物志》给予了宝贵的设计和美学启迪，尤其在标准化方面，是珍贵的资源，在凡事朦胧含糊的中国，这种标准化的尝试是值得深入探究的。事实上，从人类历史看，美好生活一定是有标准，有标准的美好生活才是能持久的。

《长物志》的十二类元素，以及对于一些具体物品的评判，还没有过时；不仅没有过时，有一些还是新的设计灵感，比如"几榻"和"器具"、"香茗"里的一些东西。

这十二个基本元素，作为思考角度、分类角度，仍然具有活力。按照《长物志》的框架，是可以编一本融合了中国传统和时尚因素的"美好生活指南"的。

这个指南里，应该包含了两个看来矛盾其实统一的因素，一个是高度的标准化，从住房，到食品，到交通工具，都有严密的关于质量的标准，关于等级的标准，关于美学的标准，所有的物，都在一个标准体系里；另一个是高度的个性化，科技的发展更加强化了个性化，每个人都是可以定制自己的生活，每一个人都在选择中体现自己的趣味和观念，每个人都通过选择自己的生活方式，找到安放身心的所在。

而这样一份指南，《长物志》已经是一份基本的蓝图，我们根据这样一份蓝图，可以编制一份今天中国人的美好生活指南。

一份可以操作的美好生活提案

《长物志》成书于明代天启年间（1621—1627），大约20年后，明朝就亡了。1645年，清兵攻占苏州后，文震亨避居阳澄湖，不久，清兵强行推行剃发令，他投河自杀，被家人救起，绝食六日而去世。

这样一本写美好生活的书，其实是在一个王朝的末期写成，看似享乐主义的作者，最后以身殉国。也许，他殉的不是国，而是"美"，是"文化"。清朝灭亡后，梁漱溟先生的父亲梁济先生、王国维先生先后自杀，殉的恐怕也不是清朝，而是"美"，是"文化"。像文震亨、梁济、王国维这些人，都是一些文化上的唯美主义者，他们想要守护的，是一种文化的美。当这种美不能存在的时候，他们宁愿以身殉美。

《长物志》把文化的美，落实到了日常的生活里。这本书能够流传至今，一直引起人们的兴趣和研究，是它的字里行间，有着淡淡而深刻的文化情怀。

也因此，这本书，引起人们的，是多个角度的兴趣。有人看到了园林设计，把文震亨看作是园林设计家；有人看到了室内设计，把文震亨看作是室内设计家；有人看到了生活美学，把文震亨看成生活美学家；等等。

我更愿意把这本书看作一份提案，一份关于美好生活的提案。这份提案回答了两个哲学层面的基本问题：

当一个人有了一定的经济基础之后，应该过什么样的生活？

在动荡不安的世界里，一个人如何为自己营造一个安宁的桃花源？

为了回答第一个问题，文震亨在《长物志》里回答了一个技术性的问题：如何区分雅俗？在区分了雅俗之后，他的建议是，当一个人有了一定的经济基础之后，应该过一种雅致的生活，而不是奢华的生活。也就是说，他提出了一套策略，以雅致，以品味，来抵御富裕了之后的奢华、张扬；以趣味、以审美，来抵御富裕了之后的庸常、无聊。

不应该只是做一个富人，更应该做一个有品味的人，一个与流俗不同的人；不应该只是做一个成功的人，更应该做一个有趣的人，一个有意思的人。

对于第二个问题的回答，包含着这样一个前提，就是在文震亨看来，最理想的生活当然是像陶渊明那样，隐居到远离尘世的田园、山水之间，但是，一般人很难抛开世俗，完全退隐到山林。一般人也很难有经济实力，去购买一座山或一条河，当作自己的家。所以，对于绝大多数人来说，只能在世俗生活里想办法让自己得到山林的安宁。

有什么办法呢？《长物志》的建议是，我们可以通过日常里的平常物，为自己营造一片桃花源。

如何营造呢？

第一，物尽其用。要充分地去使用我们日常生活里的各种平常的"物"，在使用中，我们才能体验到物的便利和美。物也会在我们的使用之中，变得鲜活起来。《长物志》非常强调物的使用。就像前面已经说过的，物不去使用，就会成为杂物。

物的意义在于使用。

在《长物志》里，一类物是实用的物，比如门，比如几榻，一类是无用的物，比如香炉，比如佛堂；实用的物，要在使用中延伸出美学的意味，无用的物，要在使用中创造出新的便利和情趣。

第二，物在品味中。物不仅仅是用的，还需要去品味。在品味中，为物确立等级次序。然后，根据这个次序，作出自己的选择。

物的美感在于品味。

第三，物在玩味中。物不仅仅是品味的，还需要去玩味。《长物志》并不认为玩物丧志，相反，玩物可以得志。这个玩，其实是把玩、鉴赏、构建。在玩的过程里，物的意义不断被发掘，物与物之间，也会不断重组一些细微的生活场景，让人流连其中。

物的意趣在于玩味。

在烦恼不断的世间，我们常常靠着观念上的修行，来达到心态的平衡。我们常常在心里为自己造了一个桃花源。而《长物志》告诉我们的，不只是在心里造桃花源，也要在日常生活里，在日常事物里为自己造桃花源。

今天我们可以利用的事物，远远超出文震亨的时代，即使我们不是富豪，也可以尽情享用城市里的博物馆、动物园、公园、图书馆、商场，甚至飞机场的候机室、高铁车厢，等等。如果我们善于利用，那么，花很少的钱，就可以体验到很多生活的乐趣。

即使我们每天必须上班，我们也可以用小小的物件，装饰一下我们小小的办公桌，营造一个很小很小的自己的园地。

任何时候，我们都可以用我们喜欢的事物，把自己安放在一个我们自己设计的生活情景里。

任何时候，我们都可以根据《长物志》的思路，为自己设计一套从"室庐"到"香茗"的生活方案，切实回答"如何生活"的问题，切实让自己全然投入到当下生活的细节里。在每一个独一无二的细节里，我们的人生会穿越时光，慢慢沉淀。

我们每一个人，都应该是自己生活的设计师。

并不需要另外去寻找一个桃花源，我们自己可以为自己造一个桃花源；我们自己可以在办公室、家、上下班的路上、旅途、品茶等日常里，为自己造一个桃花源。

生活在自己设计的生活里，就是活在了桃花源里了。

贰
SECOND PART

《长物志》 现代翻译

【明】文震亨 撰 吴田田 译

— 说明 —

这版现代语译根据明代木刻本的
版本译出，但为了全面了解《长
物志》的流传，附上四库全书版
的序言翻译作为序二，供参考。

— 序一（明代木刻版序）—

有的人赞赏山林涧谷，品酒赏茶，收藏地图、典籍、古玩器皿之类，对社会而言这都
是娴雅之事，对自身而言亦是多余之物，但可以从中了解一个人的格调、才智和性情，
所为何故？有的人会汲取古今水木清华之气供自己呼吸，收罗天下各种各样的器物任
自己把玩，收藏那些穿不挡寒、食不疗饥、琐杂碎细的器物，胜过贵重的璧玉、珍贵
的裘皮，以表现自己不凡的气概，其实他并没有真正的气韵、才气和情致去欣赏那些
器物，因为品味格调不及。

近来有些纨绔子弟和一些庸人俗汉轻狂无知，自诩赏玩行家，每有鉴赏器物时，语言
俗气，动作粗鲁，夸张地摩挲呵护器物，矫揉造作的样子，其实是对器物的极大玷污，
以致真正有品位、才情的文士避而不谈风雅了。唉，这也太过分了！司马相如与卓文
君卖掉车马，买下酒铺，卓文君身着酒保围裙亲自在柜台卖酒；陶渊明有方圆十几亩
宅邸，草屋八九间，置身菊花松树之间，有酒就喝，虽然各处境地不同，心胸之旷达

却是一致的；王维煮茶捣药，读诗说佛，书籍经文遍地；白居易拥名姬养骏马，洞庭采石，庐山造屋；苏轼携歌妓游西湖，乘船访赤壁，与好友佛印和尚畅饮，自筑雪堂，以雪明志。虽然这些人中有的奢侈，有的节俭，但却无伤大雅，他们的风度才情是不能掩盖的！

我一向宣扬这种观点，只有我的朋友文震亨对此完全赞同。明年春天震亨将要出版他编纂的《长物志》十二卷，亮相艺林，并请我作序。我觉得震亨这部书，室庐规矩，贵在清爽秀丽、古朴纯净；花木、水石、禽鱼生动，贵在秀美悠远、和谐有趣；书画有章法，贵在奇特飘逸、隽永；靠几与卧榻合规，器具有形，位置合适，贵在精致适用、少而精、精巧自然；衣饰有名门大家风范，车船有武陵蜀道的意境，蔬果有仙境瓜果的风味，香茗有荀令、玉川的癖性，贵在幽远清淡、回味绵长。典章规则的要旨，大都画龙点睛般穿插点缀文中，以凸显删繁就简、去奢存俭之意。这些不只是俗人愚汉不能了解其中大意，即使世上有真韵致、真才情，喜好求新、猎奇的文人雅士，也不得不佩服震亨，视为高不可及，认为此书确实是世间一部好书，此书的出版是文人之间的一件幸事！

因此我对震亨说："你先祖文徵明，淳古风流，引领吴地风尚近百年，声名远扬。别人说诗中之画，画中之诗，穷尽吴人的巧心妙手，都不能超出你们文家的风格流派。我以前来拜访，亲眼所见你家的婵娟堂、玉局斋，美妙清雅，令人无法形容，而你还劳神费力地编纂出书，这不是多此一举吗？"震亨说："这并不多余，我担心吴人的意趣技艺以后逐渐生变。正如你所说的，这小小的闲暇之事，身外之物，后世可能会不知道它的源流了，特编此书，以作防备。"是啊！"删繁去奢"这四个字，就足以作为这本书的序言了。于是我将这些写在文中告诉世人，让人们阅读此书时，不只是感受到震亨的韵致才情，还能领会他的深远用意。

沈春泽谨序

臣等谨按。《长物志》一共十二卷，作者是明代人文震亨。震亨，字启美，长洲（现在苏州）人。崇祯年间，任武英殿中书舍人的官职，他很善于弹琴，得以侍奉皇上。这本书分为室庐、花木、水石、禽鱼、书画、几榻、器具、位置、衣饰、舟车、蔬果、香茗，十二类。取名"长物"，源于《世说新语》中王恭的话。所谈的都是游戏闲适的事情，对于一些很细微的东西也都观察细致。明代隐士文人大抵具有这种能力，可以把一些琐细的好像不值得记录的事，写得长篇累牍。文震亨家世代以书画闻名，耳濡目染，写出的东西要比其他人优美典雅。他谈论到的收藏、鉴赏一类的方法，也很有条理。这本书沿袭赵希鹄《洞天清录》、董其昌《筠轩清秘录》一类的书籍，而体例稍微有些变化。源流出自宋人，所以著录下来作为杂家之一种。

乾隆四十二年五月恭校上

卷一
室庐

| CHAPTER ONE |

居住在山水之间是为上乘，居住在村庄稍逊，居住在城市郊外又略逊一筹。我辈纵然不能栖居山野，追寻绮里季、东园公这样的古代隐士之踪迹，但即使混迹于世俗都市中，也要门庭雅致，房屋清美，亭台有旷达文人的情怀，楼阁有隐士的风致。而且要栽种佳树奇竹，陈设金石书画，居住其间的人，忘却年岁的流逝；做客其间的人，忘记归返；游览其间的人，忘记疲倦。天气郁热的时候也会感到神清气爽，气候酷寒的时候也会觉得温暖和煦。如果只追求居所奢华，色彩艳丽，那么这房子就如脚镣手铐、鸟笼兽圈一般了。

| 门 |

用木做门框的横格，上面横斜地钉上湘妃竹，可以用四根或两根，但不能用六根去钉。门的两边用木板做春联，按照自己的喜好，在上面刻上选取唐诗之佳品作为联语。如果用石头作门槛，就必须用木板门。门槛的石头要方正浑厚，才不显得俗气。门环最好用蝴蝶、兽面，或者是天鸡、饕餮这类形状的古青铜钉在门上，此为上乘，用紫铜或精铁，按照旧式铸造也可，不可使用黄铜和白铜均。漆只能用红、紫、黑三种颜色，其余的都不可使用。

▌阶▐

门前石阶，从三级到十级，越高越显得古雅，要
用有文理的石头削成。石阶缝隙内，种一些"沿
阶草"或野花草，枝叶繁茂，披挂于台阶之上。
用带着水纹的太湖石砌成的石阶，称为"涩浪"，
它的样式更加奇特，但不易做好。套房内室要高
于外室，用带有苔藓痕迹的，未经雕琢的石块镶
嵌台阶，这样才带有山谷风致。

▌窗▐

先用粗木将窗隔成大格子，再用细木将大格子分
隔为三个小格子，每个格子二寸见方，不能太大。
窗下面填板约一寸，供奉佛像的楼阁和禅房，夹

杂者使用菱花和象眼图案作装饰。窗户忌讳设为
六扇，可以根据情况设计为两扇、三扇或者四扇。
室内空间高的，可以在上面开一扇窗户，下面接
续者低栏杆。窗都装上明瓦，或用纸糊上，不能
用深红色的绉纱和梅花纹的竹席。若想再冬天接
收一些阳光，就需要做大孔的风窗。窗孔直径一
尺左右，在中间缠上几道线，这样窗户纸就不会
被风雪吹破，而且这样制作也很雅致，不过只能
用于小屋舍。窗户漆要用金漆，或者红漆、黑漆，
不能使用雕花漆、彩漆。

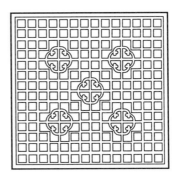

○ 窗纹样

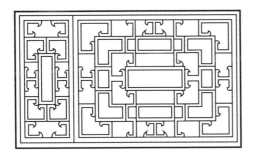

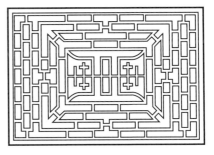

▌ 栏干 ▌

栏杆中，石制栏杆最为古朴，多用于道院、佛寺及民间墓地。池塘旁边也可以用，但是不如用雕刻着莲花的石柱和木栏雅致。柱子不能太高，也不能雕刻成鸟兽的形状。亭子、水榭、走廊、屋子可用朱红栏杆和鹅颈栏杆作为靠背，中间的立柱要用巨木雕成的栏杆，中间挖空。顶部做成柿子的形状，涂朱红色的漆，中部做成荷叶宝瓶的形状，涂绿色的漆。装饰有"卍"字图案的栏杆适宜用在闺阁之中，但不太古雅；可以从图画中选取心仪的图案来做。用三道横木做成的栏杆最简便，只是过于朴拙，不能多用。而且栏杆要以一根立柱为一扇，不能在中间竖立木头来分成两三格。如果是室内的屋舍就不必这样了。

▌ 堂 ▌

堂屋的规格，应当宽敞华美。前后要有阁楼与庭院，走廊要能够容纳一席宴席。堂屋四面墙壁最好用细砖砌成，不然的话就完全做成白色墙壁。大梁做成拱形，高度和宽度适宜。台阶都用带纹理的石块砌成，小堂屋可以不设窗槛。

▌ 山斋 ▌

山中居室，适宜明亮洁净，不必太宽敞。明净使人心神舒爽，过于宽敞则费人眼力。或者在靠近屋檐处设置窗槛，或者由走廊进入室内，这些都需要根据地形环境来设置。中庭应该稍微宽敞些，可以种上花木，摆列盆景。夏天的时候去掉北面的门扇，贯通前后，便于通风。庭院里浇灌一些米汤饭汁，雨后就会长出苔藓，翠绿可爱。沿着台阶种满翠云草，茂盛之时青翠葱茏，随风浮动。前院的墙要做得矮一些，有的人把薜荔草的根埋在墙下，再往墙上洒些鱼腥水，引导藤蔓攀爬。如此，虽然有幽深的风味，但还是不如白色粉墙好看。

▌ 佛堂 ▌

佛堂的台基需要筑五尺高，一级一级地通往堂前，佛堂前设置小轩，小轩左右两侧都设旁门，后面与供奉佛像的三间厅堂相通。厅堂用石子砌池，陈设旌旗等佛家用具。另外开设一门，通往后面的小房间，室内可放置卧榻。

▌ 桥 ▌

宽广的池塘湖泊，需要用有纹理的石头架桥，石桥上雕刻云气、景物，做工必须精细，不能流于俗气。山涧小溪，用石子砌成小桥为佳，四周可种上绣墩草。木桥需有三折，用木条做栏杆，忌用平板做成朱红的"卐"字栏。有的人用太湖石做栏杆，这也很俗气。石桥忌讳三个转折，木桥忌讳直角转折，尤其忌讳在桥上建亭子。

○ 桥

茶寮

建一小室与山中居室相傍，室内摆设茶具。让一小童专事烹茶，供应白日清谈，夜晚独坐所需茶水。这是幽居隐士的首要之事，不可或缺。

琴室

古时有人在平房的地下埋一口大缸，里面悬挂铜钟，为了与琴声产生共鸣。但效果不如在阁楼的底层弹琴，阁楼上面有木板封闭，声音不易消散。阁楼下面空旷，使得声音洪亮透彻。或者把琴室

设在乔松、长竹、岩洞、石屋下，这些地方与俗
世隔绝，更与风雅相称。

▌ 浴室 ▌

用墙将浴室分为前后两室，前室用来砌铁锅盛水，
后室用来砌炉灶烧水。浴室需密闭，不让寒风侵入。
在浴室外面，靠近墙边凿一口水井，并安装辘轳
用来提水，在墙上凿孔引水入内。屋后挖沟排水。
沐浴具都放置到浴室内。

▌ 街径 · 庭除 ▌

用墙将浴室分为前后两室，前室用来砌铁锅盛水，
后室用来砌炉灶烧水。浴室需密闭，不让寒风侵入。
在浴室外面，靠近墙边凿一口水井，并安装辘轳
用来提水，在墙上凿孔引水入内。屋后挖沟排水。
沐浴具都放置到浴室内。

▌ 楼阁 ▌

用来做卧室的楼阁，需要幽深环绕；用来登高远
眺的，需要宽阔明亮，宏伟壮丽；用来收藏书画的，
需要干燥透风，地出高处，这些是建造楼阁的大
致要求。楼阁四面都要开窗，前面的做成透光窗，
后面及两旁做成木板窗。做成四方形的楼阁，四
面应该都一样。楼前忌讳设置露台、卷篷，楼板
忌讳用砖来铺。既然称作楼阁，就要有楼阁的

样式。如果再铺上砖，与平房有何分别？楼阁做成三层最为俗气。楼下立柱要稍高，上面可设成平顶。

▌ 台 ▌

筑台，忌讳筑成六角形，要根据地面大小来建筑。如果建在山冈上，四周用粗木做栏杆，漆成朱红色，显得雅致。

▌ 海论 ▌

建造室庐忌用"承尘"，即俗称的天花板，它只能用在官署之中。地板则可以间或用之。暖房里不可用竹席，但是用毛织的地毯做地板是可以的，不过不如用细砖铺地来得雅致；南方天气潮湿，最适宜架空铺设，只是稍多些花费而已。

房屋忌讳用五根立柱，忌讳设两个厢房；前后厅堂忌，讳采用"工"字型来连接，因为这种结构和官署很相似，而休息室可间或使用这种结构。忌讳正房旁边没有小巷。庭院比房屋往东，这样偏得稍宽广些，太阳西晒不会太直逼房屋。庭院忌讳长而狭，矮而宽。

亭子忌讳上尖下窄，忌讳小六角形，忌讳用葫芦，忌讳用茅草覆盖，忌讳建成像钟鼓楼和城楼的样式。楼梯要设置在后庭的影壁后面，忌讳建在两旁，地砖铺成弯曲雅致的图形。临水的亭台楼榭，可以用蓝绢作帷幕来遮挡阳光。用紫绢做帷帐来遮蔽风雪。除此之外，其他的材料都不可用，尤其忌讳用布质的幔帐，因为那很像游船和药铺的帷帐。

小室忌讳从中间隔开，如果有北窗的，就分为二室。隔墙忌讳用纸糊，忌讳在墙上挖洞，否则就同浴室一样，但普通俗众很喜欢这样做，难以理解。

忌讳在"卐"字窗的旁边做填板，忌讳在墙角画各种花鸟。古人喜欢在墙上题诗作画，但现在即使让顾恺之、陆探微来作画，钟繇、王羲之来题字，都不如一壁白墙好看。

忌讳所有长廊使用同一样式，应该变换样式，免落俗套。忌讳竹木屏风及竹篱笆这一类东西，忌讳用黄白铜做环纽搭扣。

庭院的地面不能铺设细方砖，不过露台则可以如此。忌讳两根立柱当中的横梁与脊梁之间设置斜向支撑的木柱，这做法太旧式，不太雅致。忌讳用木板做隔墙，一定要用砖。忌讳在梁椽上描绘回旋花纹和金色方胜图案。如果是年久的老屋，木柱颜色陈旧，需要描绘修饰，一定要由手艺高超的工匠来操作。

凡是进门的之处，一定要稍有曲折，忌讳太直。房屋厅堂要有三根前柱，旁边再附一间小屋，放置卧榻。朝北的庭院不必太大，因为北风猛烈。楹柱中间忌讳设置栏杆，就像如今的拔步床一样。忌讳在墙上凿壁当橱柜，忌讳用瓦来造墙，有人用瓦做成铜线、梅花图案们都应该全部捣毁。还有屋脊两端的"鸱吻好望"装饰，历史悠久，今天所制作的，不知道像什么，应该按照古时要求来制作，不然的话也应该仿照画中房屋的样式制作。屋檐下的瓦不能用白灰粉刷，用棕榈叶剖开做取水的器具，最是雅趣；或用竹筒接水，不能用木和锡。房屋前忌用卷棚，这是官府用来审讯官司的地方，不知道对居家有什么用处。忌讳做梅花式的窗户。厅堂前的帘子，最好用温州的湘妃竹，忌讳有镶补的鸟兽图案，忌讳有"寿山""福海"之类的字。总而言之，应该根据物品的类别，采用不同的样式，各自相宜。宁可古旧不可时髦，宁可朴拙不可精巧，宁可简约不可媚俗。至于雅致清丽的趣味，其实是天性所致，不是自强作解释的人所能够轻易说清楚的。

卷二 花木

CHAPTER TWO

养花一载，赏花十日。所以用帷幕、帘账遮蔽花朵，系金铃来养护，不只是为了在花开时有富贵的容貌。种植繁花杂木，面积最好大于一亩。在庭前阶下，栏槛旁边，应当是虬枝古干，品种各异，枝繁叶茂，疏密有致；或者在水边石旁，横卧斜出；或者一望成林；或者一枝独秀。草木不必太繁杂，可以随处种植，使其四季更替，美景不断。桃李不能植于庭院中，只宜远观；红梅、绛桃，是用来点缀树林的，不宜种植太多。梅花生于山中，将其中带有苔藓的移植到药栏，最为古朴雅致。杏花的花期不长久，开花时节，风雨正盛，观赏的时间很短。腊梅在冬季不可或缺。豆棚、菜圃，具有山野风味，也是不错，但要专门开辟数顷空地来种植，让它自成一区。如果在庭院里种植，就失风雅了。还有石墩木柱，搭架绑缚的，更属恶俗。至于种植兰草、菊花，古时各有方法，如今用来教授园丁，考核技艺，是幽居之士的要务。

牡丹 · 芍药

牡丹被称为花中之王，芍药被称为花中之相，都是花中贵族。栽种玩赏，不可有丝毫的寒酸之气。用带纹理的石块做成栏杆，参差排列，按照次序排列种植。花期设置宴会，以木为架，罩上绿色帷幔，来遮蔽阳光，夜晚则悬挂灯烛来照明。忌讳将牡丹与芍药并排种植，忌将二者置于木桶和盆盎中。

○ 牡丹

▌玉兰▌

玉兰，适合种植在厅堂之前。排列数株，花开时，洁白一片，好像玉圃琼林，最称绝妙胜景。另外有一种紫色的玉兰，名叫木笔，不配给玉兰做奴婢，古人称之为辛夷，就是此花。但是，产自辋川别业中的辛夷坞、木兰柴不是同种异名，而是两个不同品种。

▌海棠▌

昌州有香气的海棠，如今已没有了；其次，西府海棠是为上品，再次是贴梗海棠，最次是垂丝海棠。

但我觉得垂丝海棠很娇媚，一如杨贵妃醉酒之态，比前两者更美丽。木瓜花像海棠，所以也称为"木瓜海棠"。但木瓜是先开花，后长叶，海棠则相反，这是二者的区别。另有一种"秋海棠"，喜欢阴凉潮湿，适宜种植在庭前阶下的背阴的地方，在秋季花卉中，属它最鲜艳，适合多种。

▌ 山茶 ▌

川茶花、滇茶花都很名贵，黄色的更为稀有。普通人家偏爱山茶花配玉兰，因为二者花期相同，红白相间，灿烂夺目，但有些俗气。还有一种名为醉杨妃的山茶花，在雪中开放，更加令人爱怜。

▌ 桃 ▌

桃树是仙木，能镇治百鬼，种植成林，就像进入了武陵桃花源一般，很有风致，但不适宜种在盆碗和庭前阶下。桃树的特性是开花结果很早，十年就枯竭了，故被称为"短命花"。碧桃、人面桃开花较迟，但比一般的桃花更美，池塘边可以多种一些。如果桃柳相间种植，就俗气了。

○桃花

▌ 李 ▌

桃花像美女，歌舞场中，必不可少。李花像女道士，适宜种植在云雾缭绕的山泉石林之间，但不宜多种。还有一种叫郁李子的，更美。

▌ 杏 ▌

杏树与朱李、蟠桃堪称鼎足三立，花朵柔媚。适宜建一个平台，把这三种树混合种植几十株。

▌ 梅 ▌

幽居之人，以花作伴，梅花最受宠爱。取带有地衣苔藓、枝干苍古的梅树移植到岩石或庭院中，这样最为古雅。另外种植数亩，开花时节，坐卧其中，神骨清爽。绿萼梅最好，红梅稍显俗气；将枝干盘曲的花种在盆盎中，特别奇丽。蜡梅中，磐口梅为上品，荷花梅次之，九英梅最次，但是寒冬腊月，庭院里也不能没有。

▌ 蔷薇·木香 ▌

曾见人家园林里，用竹编为篱笆，上面爬满了五色蔷薇。架木为亭，名为"木香棚"。开花时节，众人坐在花下，这与酒楼饭馆有何分别呢？但是这两种花卉不依附篱笆棚架就无法种植，或移植于闺房之中，供女子采摘，勉强可行。另有一种叫"黄蔷薇"的花，最为珍贵，花开时绚丽夺目。还有野外丛生的"野蔷薇"，香气更加馥郁，可与玫瑰相比。其他如宝相、金沙罗、金钵盂、佛见笑、七姊妹、十姊妹、刺桐、月桂等花，姿态相似，种法也相同。

▎ 玫瑰 ▎

玫瑰又名"徘徊花"，用它做的香囊，芳香不断，但并不适宜幽雅之士佩戴。枝条柔嫩，丛生多刺，不甚雅致，花色也稍显俗气，适合做食品，不适合佩戴。吴地有种植数亩的，花期时获利甚丰。

▎ 葵花 ▎

葵花种类不定，初夏，花繁叶茂，最为可观。一种叫"戎葵"的，千姿百态，适宜种在空旷之地；一种叫"锦葵"，小如铜钱，色彩斑斓，可供玩赏，适宜种在庭前阶下；一种叫"向日葵"，又叫"西番葵"，最差。秋天有一种，叶子像龙爪，鹅黄色花冠，叫"秋葵"，最佳。

▎ 罂粟 ▎

罂粟以花瓣多重繁复的，为上品，但单叶花瓣的，种子一定多，取来做清淡的菜肴也不错，是种药的园栏中不可或缺的一种花卉。

芙蓉

芙蓉，适宜栽种在池塘岸边，临水为佳，如果栽种在别处，会没有风致。有人用靛蓝纸蘸花蕊，裹住花蕊尖部，呈现碧蓝色，认为这样做是有美感的，其实毫无意义。

萱花

萱草，又叫"忘忧"，也叫"宜男"，可食用，岩间墙角，最适宜种植。又有金萱，花色淡黄，香气浓烈，在江苏义兴一带漫山遍野都是，吴地很少。其他如紫白蛱蝶、春罗、秋罗、鹿葱、洛阳、石竹，都是萱草的附庸。

玉簪

玉簪，花洁白如玉，有微香，在秋季花卉中，算是不错的，但是适合沿着墙边栽种一大片。开花时，一眼望去像一片白雪，如果植于盆中，最俗。紫色的玉簪叫"紫萼"，不好看。

藕花

藕花，植于池塘最美，或者植于五色官窑瓷缸，供庭院赏玩也可以。缸上忌设朱红小栏杆。花也应该选择特别的品种，如并头、重台、品字、四面观音、碧莲、金边等才好。开白花的，藕大，

开红花的，花托大。不可种于可贮酒七石的缸和
瓦缸里面。

○ 藕花

▌ 水仙 ▌

水仙有两种，花高叶短，单瓣水仙最好。冬季适
合多种植，但它不耐寒。选取特别好的放入盆中，
放于几案之上。较差的杂种，种在松树竹林之下，
或者种于梅花怪石之间，更雅致。水神服用了八
石这种花，因此得名水仙，这个名字很雅致，六
朝人却呼之为"雅蒜"，实在可笑。

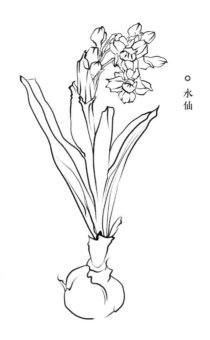

〇 水仙

▍ 杜鹃 ▍

杜鹃花开的时候，烂漫万分，它喜阴凉，畏温热，适合种在树下的背阴处。开花时，移放到室内几案上。另外，有一种名为"映山红"的，适合种在野外山坡，所以又叫"山踯躅"。

▍ 松 ▍

松、柏虽古时并称，但最高贵的，还是松列为首位。天目山的松树最为上乘，但不易种植。把栝子松栽在堂前庭院，或者广阔的台子上，不妨对偶种植。居家居舍中间也可种一株，下面用文石做成台，有人用太湖石做栏杆，都可以。水仙、兰蕙、萱草一类的，杂种在树下。山松适宜种植于土冈之上，松树成林之后，松涛阵阵，回荡山谷，哪里比不上五株，九里的雄壮呢？

木槿

木槿是花中最贱的品种，古代称之为"舜华"，这是最早使用的名字；又作"朝菌"。篱笆及野外的水边，不妨种一些，被称作"园林佳友"，但我就不敢认同了。

桂

丛丛桂树开花时，真称得上是"香窟"，适合选二亩地，种上各种桂树，在里面建座亭子，不可取"天香"，"小山"这类的名字，更不要夹种其他树木。树下收拾得像手掌一般平整，洁净到容不得唾液溅落，桂花落到地上，就可用来作食品。

柳

枝叶向上的是杨树，枝叶下垂的是柳树，柳树最好种在池塘边。柔枝轻拂水面，绿叶黄芽相互映衬，很有超凡脱俗的雅致；而且柳树不生虫，这一点更可贵。西湖柳也很好，颇有女子的风韵。白杨、风杨，都不入品。

┃ 芭蕉 ┃

芭蕉，、绿色掩映着窗户，但以矮小的为佳，因为高大的，叶子容易被风刮碎。冬天有人去掉它的梗茎，用稻草覆盖起来，三年后，长出的带有露水的花苞，称为"甘露"，其实这也没什么必要。还有做成盆景的，更可笑。芭蕉不如棕榈雅致，更适合做拂尘、蒲团。

○ 芭蕉

┃ 梧桐 ┃

梧桐树下好成荫，枝叶青翠如玉，适合种在宽广的庭院中。每天清洗擦拭，选取枝态好看的梧桐。不要选择树干光秃，枝叶像拳头，如伞盖的，以及生有飞絮的梧桐。种子可用来沏茶。生在山冈上的叫"冈桐"，种子可榨油。

竹

竹子适合种植在用土垒筑的高台上，四周溪水环绕，建一座小桥斜渡溪水，然后拾级而上，上面留平台供人坐卧，披头散发，俨然置身于万丛竹林中。或者辟地数亩，除尽杂树，四周垒砌石头，使之稍高，用石柱木栏围起来，竹子下面不留一点尘土、一片落叶，可以席地而坐，或者留置一些石台、石凳类的东西。选取长枝巨干的竹子，毛竹为首选，但毛竹适合山野，不适合城中；城中最好用护基笋，其他的不太雅致。粉竹、筋竹、斑竹、紫竹，四种都行，燕竹最差。慈姥竹即桃枝竹，不入品。另外还有木竹、黄菰竹、箬竹、方竹、黄金间碧玉、观音、凤尾、金银竹这类竹子。竹子忌讳种在花栏之上，及庭院平地中；沿着墙边，种植数株。像丛生的小竹，如"潇湘竹"，宜栽植几株在岩石水池旁边，也很幽雅别致。

种竹有"疏种"、"密种"、"浅种"、"深种"四种方法。疏种是"三四尺地方种一窠，空出地方让竹根延伸"；密种是"虽然种得稀疏，但每一窠却种四五株，使竹根紧密"；浅种即"种植时入土不深"；深种即"入土虽也不深，但上面用泥土培植"。按照这四种方法栽种，竹子没有不茂盛的。棕榈竹分为三等：筋头和短柄，枝短叶垂，可植于盆中；朴竹，枝节稀落，叶子较硬，完全缺少温雅，但可以作扇子的筋骨和画轴。

菊

　　吴地的菊花盛开时，附庸风雅的人一定会采集数百株，五颜六色，高低排列，以供赏玩，这只是在夸耀富贵而已。若真是会赏花的人，一定要寻觅独特品种，用古色盆钵种一株两株，茎干挺拔，叶子茂密，待到开花时，置于几案卧榻处，坐卧把玩，这样才是真正领会到了菊花的秉性情致。锡荡口镇特有一种甘菊，枝干弯曲如伞盖，花朵密集如锦缎铺陈，十分奇异，其余的甘菊只能采集花朵，用作饮品。野菊适合种植在篱笆间。种菊有"六要""二防"之法，育苗培养、土壤适宜、扶持栽培、阳光雨露、修剪、灌溉，防止病虫害，防止雀鸟做窝时来衔枝叶，这些都是园丁应该了解的，而不是我等要做的事。至于用瓦料盆钵及用两块瓦合拢作花盆的，还不如不养花为好。

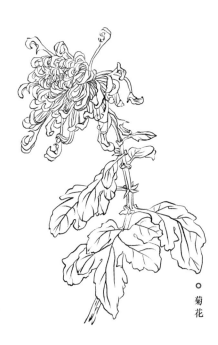

。菊
花

▌兰▐

福建出产的兰，品质最佳，叶如利剑，花高于叶。《离骚》中所写的"秋兰兮青青，绿叶兮紫茎"说的就是这种兰花。其次，赣州的兰花也不错，这些兰花都是山斋中不可缺少的，但是每处只可种一盆，多了的话就像虎丘的花市。盆钵要挑选龙泉、均州、内府、供春等名窑出产的最大型号的，忌讳使用土钵瓦缸这类俗品。

四季培育，到春天发芽后，盆土已足够肥沃，不需再施肥，经常以擦拭叶子，使之不染尘垢；夏季花开叶子娇嫩，不能用手摇动，等到它长厚实，再擦拭；秋天则轻轻松土，将稍许淘米水浇于根下，不要溅洒在叶子上；冬天则安放到向阳的暖房里，天晴无风的时候搬出去，时时转动花盆，让它四面均匀接受阳光，午后就搬回屋内，不让霜雪侵袭。如果叶子发黑不开花，是光照太少的缘故。治理蚂蚁和虱子，要用以大盆或缸盛水，浸泡花盆，蚂蚁会自己逃走。治理像白点一样的叶虱，端一盆水，里面滴入少许香油，用棉花蘸水擦拭，叶虱也会自己跑走。这些都是种植兰花的简便方法。

有一种杭州产的，叫"杭兰"；出自阳羡山中的，名叫"兴兰"；一株能开数朵花的叫"蕙"，这些都可以移植到岩石下，只要使用它原生的土壤，就会年年开花。珍珠、风兰，都不入品。箬兰，叶子像竹笋，似兰而无香，是奇特的花卉。金粟兰，友名"赛兰"，特别香。

▌ 瓶花 ▌

厅堂使用的瓶花一定要高瓶大枝才让人赏心悦目。忌讳繁杂束缚，忌讳花量过少，忌香、烟、灯火熏染，忌讳用油手玩弄，忌讳瓶里装井水，因为盐碱水不适合养花，忌误服花瓶里的水，梅花、秋海棠两种花毒性尤其大。冬天在花瓶中加入硫磺，水就不会结冰。

▌ 盆玩 ▌

盆景，当今时尚将它陈列于几案之上，陈列在庭院台榭中稍逊，而我的观点正相反。最古朴的，应以天目松为第一，高不过二尺，矮不低于一尺，树干像手臂，针叶如簇，形成画家马远笔下的"倾斜弯曲"，郭熙笔下的"豪放粗狂"，刘松年笔下的"交错层叠"，盛子昭笔下"低拽高飞"这些姿态，用上等盆钵栽植，参差错落，十分雅观。还有古梅，苔藓斑驳，树皮皱皱，含花吐叶，经久不败，也很古雅。如果像时尚那样做些沉香片，就没什么意思。木片生花，有何趣味？这不过是轻信传闻罢了。

还有枸杞、水冬青、野榆、桧柏这一类，根如龙蛇，不露束缚锯截痕迹的，都是上品。其次是福建的水竹，杭州的虎刺，尚在雅俗之间。至于九节的菖蒲，为神仙所爱，栽在石块间长得瘦弱，栽在土壤里就很粗壮，极难培养。吴地的人洗根浇水，修剪整洁，认为取晨间叶子的晨露，可以润眼，非常珍贵。我认为应该用石子铺设庭院，遍植菖蒲，雨后青翠欲滴，自然生香；若在盆钵中栽植，几案间陈列，非常无趣，它与蟠桃、双果一类的东西，都不能附庸随俗。

其他的如春天的兰蕙，夏天的夜合、黄香萱、夹竹桃花，秋天的黄密矮菊，冬天的短叶水仙及美人蕉诸种，都可随时供把玩。花盆以青绿古铜及白定、官哥等窑所产为佳，新窑产的五彩官窑及供春所产的粗料可用，其余的都不入品。花盆宜圆不宜方，尤其忌讳做得狭长。用灵璧、英石、西山这些石块点缀，其余的都不入品。居室内只可放置一两盆盆景，不可多放。小盆景忌讳放在红色几案上，大盆景忌讳放在官窑砖上，最好用旧石凳或古旧的莲花石墩为座。

卷三
水石

石让人觉得古雅，水让人觉得旷达，园林中，水、石是最不可或缺的。水与石的设计要回环峭拔，布局得当。造一山，则有华山那般壁立千寻之险峻，设一水，则有江湖万里之浩渺。再加上修竹、古木、怪藤、奇树，交错突兀，在苍崖碧涧之间，飞泉奔流，仿佛置身高山深壑中。如此，才能称之为名景胜地。这只是略举概要，并非样样如此。

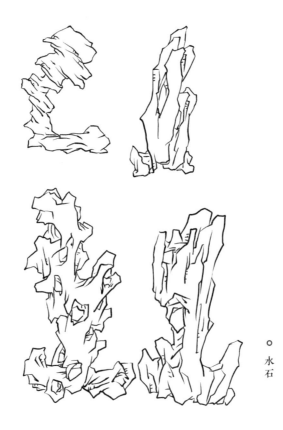

。水石

▌ 广池 ▌

开凿池塘，小则一亩，多则一顷，越大越好。最大的，水中可建楼台水榭，或者筑长堤横隔，堤上种着菖蒲、芦苇，一望无际，才称得上浩瀚。如果追求华丽整齐，可以用文石砌岸，朱栏环绕，忌讳池塘中间留土堆，就像俗称的战鱼墩，或者模仿金山、焦山那样。池塘旁边种植垂柳，忌讳桃树与杏树间种。水中养野鸭、大雁，数十只为一群，这样才有生气。最宽阔处，可设置水中楼阁，像图画中的样式那样才好。忌讳在水中搭建有小屋的竹排。岸边种植一些荷花，削竹为栏杆，不使其蔓延。忌讳水池种满荷叶，看不到水色。

▌ 小池 ▌

台阶前、假山旁边开凿一小池塘，四周一定要用太湖石砌边，池水清澈见底。池中饲养金鱼、水草，可供鱼儿游戏其中。周围种上野藤、细竹，如果能将泉水引入池中就更好了。水池忌讳方、圆、八角等形状。

▌ 瀑布 ▌

在村野山居，接引山泉，顺流而下，便可形成瀑布。如若想在园林中这样做，就需要用长短不一的竹子，承接屋檐的流水，并在隐蔽之处引入岩石缝隙，用斧劈石，重叠垒高，在下面开凿小池蓄水，放一些石头在池子里面，下雨时就能能让飞泉激荡，流水潺潺，也是一奇观。尤其适宜在竹间松下，青翠掩映，更为美观。也有人在山顶蓄水，客人到时打开水闸，水直流而下，但终究不如在雨中承接流水来得有趣雅致，因为山顶蓄水终归属于人为，而后者则更接近自然。

▌ 天泉 ▌

天泉以秋天的雨水为最佳，黄梅季节的稍次之。秋水洁清，梅水甘甜。春天的水胜于冬天的水。因为春季和风细雨，而夏季狂风暴雨，不适合饮用，或者是因为风雷蛟龙所导致的，对人伤害很大。雪是五谷精华，用来煎茶，最为幽冽，但是新降的雪有土腥味，稍微放置一段时间才好喝。雨水要用布在院子中间露天承接，不可用屋檐取水。

▌ 地泉 ▌

地下涌出的泉水，甘美清冽，以惠山泉为最佳，其次是清凉的泉水。泉水要清澈并不难，难的是清凉。在泥沙聚集、泥土凝结的地方，泉水断不会清凉。又像清香而甘甜的泉水，甘甜容易，清香难，没有只清香而不甘甜的泉水。喷涌湍急的泉水，不能饮用，经常喝会头疼。如庐山水帘、天台瀑布，供观赏还可以，但不可饮用。温泉水富含硫黄，也不能作为饮用水。

▌品石▌

园林用石，以灵璧石为上品，英石次之，但二者品种珍贵，很难买到。高大的，尤其难得，几尺高的，就算珍品了；小的，可放置在几案之上，颜色如漆般光亮，声音如玉石般清脆的，最佳。横石，以蜡色质地、状如峰峦峻峭的为上品，俗话说"灵璧无峰"、"英石无坡"。依我所见，也不尽然。其他石头纹理粗大，绝无曲折、高耸、陡峭之势。如今，有人以大块丹砂、石青、孔雀石为砚山、盆石，非常俗气。

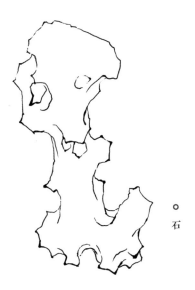

。
石

▌灵璧▌

灵璧石产自凤阳府宿州的灵璧县，在深山的沙土中，挖开沙土就能看见，它有细腻的纹理，洁白如玉。没有孔眼。其中上品如卧牛、盘龙等各种奇异的形状，堪称奇品。

英石

英石产自英州倒生岩下，用锯在岩石上取下来，所以底部呈平齐的峰峦形状，高的有三尺长，短的仅一寸多长。在小屋前用英石堆一个小山，最为清雅。但是产地太远，不易得到。

太湖石

水中的太湖石最为珍贵，经过波涛冲击腐蚀，形成许多洞孔，面面玲珑剔透。生在山上的叫旱石，干枯不润，如果人为地开凿洞孔，经历漫长岁月，凿痕消失，也很雅观。吴地一带的人所喜欢的假山，用的都是旱石。还有一类小石，久沉于湖中，被渔夫捞起，与灵璧石、英石非常相似，只是声音不清脆。

尧峰石

尧峰石是近年才发现的，石上苔藓丛生，古朴可爱。因为以前未经开采，所以山中有很多，但不够精致玲珑。然而，正因为不精致，所以是佳品。

昆山石

昆山石，产自昆山的马鞍山下，在山中挖开泥土就可得到，以白色的为贵。有鸡骨片、胡桃块两种，但都俗气，算不上雅物。有时候有七八尺高的，放置在高大的石盆中，尚可。马鞍山上都是火石，火气暖热，所以种在上面的菖蒲等植物，非常茂盛。只是这样就不能将石头放在几案上及盆盎中了。

土玛瑙

土玛瑙出产于山东兖州府的沂州，花纹似玛瑙，红丝多并且质地细润的为佳品。红丝石，白底上有赤红色的花纹。竹叶玛瑙，因花纹与竹叶相似，因而得名。这两种都可以锯成薄板，镶嵌在几案、床榻、屏风之类的器物上面，不是名贵的品种。有一种五彩的土玛瑙石，有的大如拳，有的小如豆，石头上有禽、鱼、鸟、兽、人物、方胜、回纹这样的形状，放到青绿色小盆中，或是宣窑白盆内，色彩斑斓，值得赏玩，只是价格昂贵，不易得到，但屋室之内也不宜过多陈设。最近看见有人在家中摆放数盆，完全像商店一样。北京有一个称为"醉石斋"的地方，听说藏石丰富，品种新奇。沂州的山涧溪流中，还有纯红、纯绿色的石头，也值得赏玩。

大理石

大理石产自云南，以洁白如玉、漆黑如墨而珍贵。白中稍带着青、黑中稍带灰的大理石都是下品。倘若能得到一种旧石，拥有天然形成山水云烟的画面，如米芾的山水画一样，真可谓是无上佳品。古人用大理石来镶嵌屏风，近时开始用于制作几案卧榻，但终究不是传统做法。最近，京口有一种石头，与大理石相似，只是花色不清，用石药填充缝隙，做成山云泉石的画面，也可卖得高价。但是真假也容易分辨，真的更以古旧贵。

石。

卷四
禽鱼

▎ CHAPTER FOUR ▎

鸟儿掠檐低飞，游鱼排荇畅游，幽雅之士心驰神往，终日流连，忘却疲倦。品赏禽鱼的声音颜色，动态神情，远处，有栖息巢穴的飞禽，有浮沉嬉戏的游鱼；近的，有燕雀、鹊鸟、雄鸡、黄莺、乌鸦等，种类繁多。红林绿水，哪能让凡品俗物任意进入其中。所以一定要制备雅洁之物，以供观赏，让童子爱护喂养，熟悉其性情，能够驯养鸟雀，戏弄游鱼，这是隐居山林的人必备的学识。

▎ 鹤 ▎

华亭窠村的鹤，高大俊秀，绿足龟纹，最是可爱。江陵、扬州也产鹤。挑选鹤的标准是：体态俊秀，叫声清脆，脖颈细长，足瘦有力，身材挺拔，背部平直。养鹤，应该建造宽阔的平台，或者在高冈土坡上，用茅庵搭窝；养鹤的地方要临近水沼池塘，用鱼虫谷物喂养。想要教鹤舞蹈，待它饥饿之时，将食物放置在空阔之地上，让童子拍手顿足引逗。时日久了，形成习惯，一听到拍手，就会翩翩起舞，这就是所谓的"食物驯化"。旷野山居，岩石松林间，只有鹤相称。其余的飞禽都不入品。

鹦鹉

鹦鹉能学学舌，但必须教它小诗和对偶句，不可让它听闻市井俚语，嘈杂刺耳。铜质的鸟架、食缸都要精巧。但是鹦鹉和锦鸡、孔雀，倒挂鸟、吐绶鸟这一类飞禽，都是闺阁中的玩物，并非幽雅隐士所需。

百舌·画眉·鸜鹆

饲养百舌、画眉、鸜鹆，把它们训练熟练后，能发出各种婉转的叫声，有数百种之多，悦耳动听，但这些也不适宜幽静之地。或在曲径回廊之下，放置雕琢精致的鸟笼，用来点缀景色。吴地之人最爱此鸟。我认为爱好养鸟的人，应当去寻找茂密的树林，听听鸟雀自然的鸣叫，那样才可爱有趣。另有名叫"黄头"的小鸟，生性好斗，外形也不雅观，很是无趣。

朱鱼

朱鱼（金鱼）盛行于吴地一带，因为它的颜色像辰州朱砂而得名。朱鱼最适宜在盆中饲养，有一种红中带黄的朱鱼，仅供点缀塘池而已。

鱼类

鱼类，人们最初尊崇纯红、纯白的鱼；后来尊崇金蓝、金鞍、锦被、印头红、裹头红、连腮红、首尾红、鹤顶红；再后来是尚墨眼、雪眼、朱眼、紫眼、玛瑙眼、琥珀眼、金管、银管，以时尚为贵。另外有堆金砌玉、落花流水、莲台八瓣、隔断红尘、玉带围、梅花片、波浪纹、七星纹等变种，难以详尽，但定名也随意，并无固定格式。

▎ 蓝鱼 · 白鱼 ▎

蓝鱼，接近碧青；白鱼，洁白如雪，逼近观看，甚至能见它的肠胃，这是金鱼的变种，也很珍贵。

▎ 鱼尾 ▎

鱼的尾巴，从二尾到九尾的均有，只是美丽若都集中在尾巴了，身材就不一定好看了。所以鱼身要大小适度，骨肉匀称，花色鲜明，才能入品。

▎ 观鱼 ▎

观鱼应该早起，在日出之前，不论是池塘还是鱼盆，鱼都在碧波中游动。也可以在凉爽的月夜里观鱼，碧波上，月光粼粼，鱼儿穿梭腾跃，令人耳目惊奇。微风徐徐，泉水叮咚，雨后池水上涨，绿水波纹，这都是观鱼的绝佳环境。

▌ 吸水 ▌

鱼盆里的水换过一两天之后，盆底就积满污垢，
应该用斑竹作吸筒将它们吸出来。如果过时不吸，
水色就不新鲜美观。所以，珍贵的鱼种绝不能养
在池中。

▌ 水缸 ▌

有一种古铜水缸，能装两石水，通身布满绿铜，不知古人用它来做什么的。应该是在
洞穴中用来盛油点灯的，如今用来养鱼，最为古雅；其次用内库、官窑、瓷州烧制的
纯白水缸，也可以；但不可用宜兴产的花缸、七石牛腿缸之类粗俗的制品。我之所以
列出这些，只是为玩赏提供参考，倘若按图索骥，就太死板了。

卷五
书画

▌ CHAPTER FIVES ▌

黄金产自深山，珍珠生于深水，取之不尽，尚且被世人珍爱。何况书画存于天地间，经久岁月，名人艺士，不能复生，能不珍藏爱惜吗？一旦落入俗人之手，动辄随意拿放，卷页不整，揉搓皱裂，这简直是书画的灾难。所以收藏而不鉴别，鉴别而不赏玩，赏玩而不装裱，装裱而不辨别等次，都不算真正懂收藏书画的人。书画收藏多了以后，好坏掺杂，所以要分别等次，不能用丝毫差错。如果真假并列，新旧错乱，如同进入了胡人开的书画铺中，有何趣味！所收藏的必须有晋、唐、宋、元时期的名品真迹，才算得上博古，如果只是收藏些近代的作品，考量真伪，无心细品，以耳作目，手执书画，空谈贵贱，这真是收藏的恶习。

▌ 论书 ▌

欣赏古代书法的范本，应当静气凝神，先看笔法结构，意境呼应；再看人为或天成，自然或做作；再看古今题跋，相传来历；接着辨识题字印章、纸色、绢素。有的结构没有锋芒，是摹本；有的笔下意境得当，但却位置不当，是临本；有的笔势不连贯，字如算珠，是集书；有的只有形似，毫无精神气韵，是双钩。古人用墨，无论润燥肥瘦，都能浸透纸张、绢素，而后人的伪作，笔墨漂浮，极易辨别。

论画

山水画，列画中第一，竹、树、兰、石次之；人物、鸟兽、楼殿、屋木画中，小画幅的，次之；大画幅的，再次之。人物顾盼言语，形象生动；花果迎风带露；鸟兽虫鱼，栩栩如生；山水林泉，清幽空旷；屋庐深远，小桥横渡；山石古老润泽，流水潺湲；山势险峻，泉流洒落，云烟出没，野径蜿蜒曲折，松树枝干屈曲，竹隐藏于风雨，山脚入水澄清，水源来历分明，有这些特征的画作，虽不著名，也定是高手所作。如果人物如死尸、雕像，花果像面塑、雕刻，虫鱼鸟兽，仅有形似，山水林泉布局阻塞，楼阁模糊错杂，桥梁故作断形，径无平坦险峻，路无出入踪迹；石头单调，树木秃枝少叶；或者高大不相称，远近不分；或者浓淡失宜，点染无法；或者山脚无水面，水流无来源，虽有名人题款，也是平庸之作，为后人添加而成。至于专事临摹的赝手，落墨设色，不古雅，这不难辨识。

书画价

书法作品的价格以楷书为标准，如王羲之的草书一百字，价格只相当于一行行书，三行行书的价格相当于一行楷书。至于《乐毅》《黄庭》《画赞》《告誓》，只要能成篇，不能以字数来计算。画的价格，也是如此，山水竹石，古代名人贤士的肖像，相当于楷书。人物花鸟，小幅的，可当行书；大幅的人物画像和神图佛像、宫室楼阁、走兽虫鱼，可当草书。至于在台阁上绘制的文臣武将，在宫殿中绘制的贞女贤妇，能通神灵，打开橱柜可能会丢失，挂到墙壁上可能会不翼而飞，只要涉及奇闻轶事的画作，就是无价的国宝。而且书法绘画本是风雅之事，一旦涉及牛鬼蛇神的怪诞之事，无所依据，即便是古今名家，都要降低一个等次。

▎古今优劣▎

书法的优劣应以年代为准，六朝不及魏晋，宋元不及六朝和唐代。绘画则不同，佛道、人物、仕女、牛马，近代不及古代；山水、林石、花竹、禽鱼，古代不及近代。比如顾恺之、陆探微、张僧繇、吴道玄及阎立德、阎立本，都厚重雅正，天然古朴；周昉、韩干、戴嵩，气韵骨法，出人意料，学习他们的后人，都不能企及。至于李成、关全、范宽、董源、徐熙、黄荃、居寀、米芾父子，元代赵孟頫、黄公望、元镇、叔明，以及本朝的唐寅、沈周、文徵明、文嘉这些人，都不借助师傅，画艺却达到了极致。即使唐代的李思训、李昭道复活，边鸾再生，也不能与他们相媲美。所以收藏书法一定要寻找上古时期的作品，收藏绘画则从顾恺之、陆探微、张僧繇、吴道子开始，下至嘉靖、隆庆年间的名家，其中有不少珍品。现今的诸位画家，我不敢轻易评论。

▎粉本▎

古人的画稿，称为"粉本"，前人都爱珍藏，因为随意勾画的不经意之处，往往有自然之妙，宣和、绍兴年间的粉本，有很多神妙之作。

▌ 赏鉴 ▌

鉴赏书画如面对美人，不能有丝毫轻浮粗俗的做派，因为书画纸绢都很脆弱，翻动不得当，很容易损坏，尤其不能被风吹日晒，不可在灯下看画，以免被烟灰、烛泪污损；饭后酒余，观看卷轴，必须先清水洗手；展玩的时候，不能用指甲剔刮损坏；诸如此类，不胜枚举。还要处处提防那些故作风雅的人，唯有遇到真正懂得鉴赏和饱览古代书画之人，才能交流谈心；若遇到粗鄙之人，只能珍藏不露。

▌ 绢素 ▌

古画的绢色、用墨，有一种特别的古色古香，惹人喜爱。而佛像画因香烟熏染呈黑色，上下两部分深浅不一。伪造的古画，暗淡发黄，毫无神采。古绢，自然破损的，一定有参差不齐的裂口，些许丝缕相连，而伪造的则裂口整齐。唐代的绢丝粗厚，有的是熟绢；唐代也有独梭绢，宽四尺有余。五代的绢，粗厚如布。宋代院绢，匀净厚密，也有独梭绢，五尺多宽，细密如纸。元代的绢和本朝（明代）的内府绢，与宋绢相同。元朝有宓机绢，赵孟頫和盛懋的画，多用此绢，因产于嘉兴府宓家，而因此得名，现在当地还有很好的绢品。近代董其昌多用磨光的白绢作画，未免有士大夫之气。

▌ 御府书画 ▌

宋徽宗皇室所收藏的书画，都是他亲笔题记，后面用的是宣和年号，用玉制瓢形御印所题。题记在书画上一条仅一指宽的引首上，旁边有一行木印黑字，这些都是装裱工的签名，但也真伪相杂，因为当时高手的临摹之作，都题为真迹。到了金代明昌年间，伪作题为真迹的更多，但是今人得到它，也算是"买王得羊"了。

院画

宋代画院的画工每作一画，一定先呈送稿本，然后才上墨、上色，所画山水、人物、花木、鸟兽都没有名气。现在本朝所画水陆道场及佛像也是如此，金碧辉煌，灿烂耀眼，也算得上是奇物。现代人见到无名画作，就按照题材，填上名家题款，以求高价。比如，见到所画为牛就题名为戴嵩，所画为马就题名为韩干等等，非常可笑。

宋绣·宋刻丝

宋代的刺绣，针线细密，颜色精美，光彩夺目；山水有远近分别的雅趣，楼阁有深邃悠远的体态，人物顾盼生动，花鸟风姿绰约。宋绣，作为绘画形式的一种，不能不收藏一两幅。

藏画

以杉木、桫木做匣子，匣子内不能油漆，不能糊纸，以防发霉潮湿。四五月，先将画一幅幅地展开，稍微见一下阳光，然后收入匣子，搁置在离地一丈多高的地方，以免发霉。平时张挂，需要三五日更换一次，不至于厌烦，不染灰尘湿气，收起时，先拂去两面的尘垢，就不会损伤画卷。

小画匣

装短轴的画匣子做成横面开门的，画可直接放入小画匣，轴头贴上标签，标明书画的名称，便于拿取欣赏。

卷画

以卷画时要两边对齐，不宜狭窄，也不宜太宽，不可用力卷紧，以防绢素断裂。擦拭的时候用软绢轻轻拂拭，赏画的时候不能用手托着画背，容易受损破裂。

宋板

藏书以宋刻本为贵，宋刻本书写大都肥瘦有度，好的有欧阳询、柳公权的笔法，纸质均匀洁净，墨色润泽；至于格用单边，用字多是用讳笔，可作为辨别宋刻本的参考之一，但并不是考证的根本依据。收藏书籍，以班固的《汉书》、范晔的《后汉书》、《左传》、《国语》、《老》、《庄》、《史记》、《文选》，以及诸子为第一；名家诗文、杂记、道教和佛教的书次之。书籍的质量，以纸张细白、

版面清新，用绵纸为上等，竹纸作活衬的也不错，
有糊背、批语评点的，不收藏也罢。

▌悬画月令▌

正月初一，适宜挂宋代福神及古代圣贤的画像；元宵前后，适合挂看灯、木偶戏类的图画；
正月二月，适宜挂春游、仕女、梅、杏、山茶、玉兰、桃、李之类的图画；三月三日，
适宜挂宋画真武神像；清明前后，适宜挂牡丹、芍药；四月八日，适宜宋元人画佛像、
宋代刺绣佛像；四月十四日，适宜宋画吕洞宾像；端午适宜真人、玉符，及宋元名家
所画端阳景、龙舟、艾虎、五毒之类；六月，适宜宋元大楼阁、大幅山水、茂密树石、
大幅云山、采莲、避暑等图画；七夕，适宜穿针乞巧、织女、楼阁、芭蕉、仕女等画图；
八月，适宜古桂、天香、书屋等图画；九十月，适宜菊花、芙蓉、秋江、秋山、枫林
等图画；十一月，适宜雪景、蜡梅、水仙、山茶花等图画；十二月，适宜钟馗、迎福、
驱魅、嫁魅等神像；腊月二十五，适宜玉帝、五色云车等图画。至于搬家，则可以挂
葛洪移居等图画，祝寿则适宜院画中的寿星、西王母等图像，祈求天晴则有东君的画
像，祈雨则有古画风雨神龙、春雷起蛰等图画，立春则适宜东皇太乙等图像。这些都
要根据时令变化来悬挂，体现时节的更替轮换。如果是大幅神图及杏花燕子、纸帐梅、
过墙梅、松柏、鹤鹿、寿星之类的图画，太过俗气，不适宜悬挂。至于宋元小景、枯木、
竹石、四幅大景，则可不局限于节令时序。

卷六
几榻

CHAPTER SIX

古人制作的几、榻，虽然长短和宽窄各异，但放在室内，都显得古雅可爱，而且坐卧凭靠，都非常方便舒适。茶余饭后，在几榻上读经籍，赏书画，陈放古物，摆放菜肴果蔬，放置枕头席子，无所不可。而今人制作的几榻，只追求雕绘装饰，以取悦俗世风尚，古代的制法荡然无存，实在令人叹惋。

榻

榻座高一尺二寸，靠背高一尺三寸，长七尺有余，宽三尺五寸，周围设置木栏杆，中间铺湘竹，床脚不摇晃。三面有靠背，后背与两旁的靠背等高，这就是是榻的定式。榻的样式多样，有旧断纹，有元螺钿，自然古雅。榻忌讳做成四只脚，或者做成螳螂腿形状，下面用木板支撑就可以。现在有用大理石镶嵌的榻，有在退光朱黑漆上，刻画竹树，并用粉填涂，还有新螺钿的榻，这些完全算不上古雅器物。其他如花楠木、紫檀木、乌木、花梨木，按照旧式规格制成，都可以使用。但若是改成长大的样式，虽然美观，却落了俗套。元代制作的榻，长一丈五尺，宽二尺多，上面没有靠背，古人夜里将榻连接起来，抵足而眠。它的样式虽然古朴，但今天已不再试用。

短榻

短榻高一尺左右，长四尺，安置在佛堂、书斋，可用来习静坐禅，或者手挥拂尘，谈玄论道，还可以斜靠躺卧，俗称"弥勒榻"。

几

用自然弯曲的树枝的半弧来制作几的脚，自然古雅，打磨光滑后，放置在榻上或蒲团上，用来放手或以手支头。图画中常见到有古人躺卧时，用来放脚的几，形制也非常奇特古朴。

禅椅

禅椅用天合山的藤条来制作，或者用弯曲粗大的老树根，枝蔓横生，可以悬挂瓢笠、念珠、瓶钵等物体，以光滑如玉而不露刀痕者为上品。近来见用五色灵芝粘贴装饰的，真是多此一举。

天然几

天然几，用花梨木、铁梨木、香楠木等纹理细密的木材来制作；以宽大为佳，长不过八尺，厚不过五寸，两端翘起的飞角不可太尖锐，要平滑，这才是古式。日本式的几案，下方有拖尾，更是奇特。不能做成像书桌一样的四只脚，可以用老树根来做脚，或者木板做脚，台面宽厚的，可以略微雕刻一些云头、如意之类的图样；不能雕刻龙凤花草，太庸俗。近来的一些狭长样式，最是难看。

▎ 书桌 ▎

书桌桌面要阔大，四周的镶边，宽半寸左右，桌腿稍矮而细，这样的规格自然古朴。凡是狭长圆角的庸俗样式，都不能使用，上漆后更显庸俗。

▎ 壁桌 ▎

壁桌的长短不必拘泥，但不能过宽，飞云、起角、螳螂足这些样式都可用来供佛，或者用大理石、祁阳石镶嵌装饰壁桌，属于旧式，也可以。

▎ 方桌 ▎

方桌中用旧漆的最佳，需要宽大古朴，可围坐十几人，可供展开观赏书画。像现在的八仙桌样式的方桌，仅供宴饮集会，不是文雅的器物。燕几，另有图样。

▎ 橱 ▎

藏书的橱柜，应该能容纳万卷书籍，越大越好，但深度要以容纳一册书为限，不可过深；书橱宽

可达一丈多，门用两扇，不能用四扇或六扇。小
橱柜以有底座为雅致，四只脚的略俗，如果非要
带脚，脚要一尺多高；下部的底座，只宜二尺，
不然就做成两个叠放在一起。底座空如一架，显
得古雅。小橱柜一般为二尺多见方，用来放置铜
器玉器等古玩。人的橱柜用杉木来做，可避免生虫。
小的橱柜，用湘妃竹、豆瓣楠、赤水木、椤木做
比较古雅。黑漆断纹的材质为佳品，杂木也都可
使用，但样式贵在不俗。铰钉不能用白铜，要用
紫铜照着古式去做，两头尖如梭子，不用钉钉最
好。竹橱和小木架，一为商铺所用，一为药铺所用，
都不能用作书橱。小书橱有用内府填漆的，有用
日本制造的，都是奇品。收藏佛经的书橱要用红漆，
稍微深厚一些，因为经书册子较长。

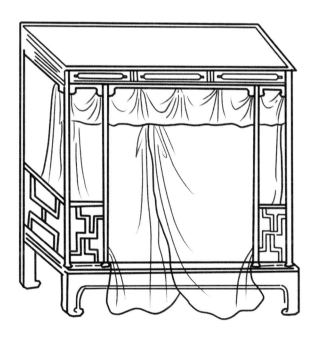

。床

床

床以宋元时期的断纹小漆床为最好，其次是内府制造的单人床，再次是出自手艺高超的工匠做的木床。永嘉、粤东有折叠床，在船中收放也很方便。像竹床和飘檐、拔步、彩漆、"卍"字、回纹等样式，都很俗气。近来有用柏木雕琢成竹子形状的床，非常精美，适宜放于闺阁及小居室中。

箱

日本式的箱子镶有金银片的黑漆，大的一尺多，铰钉锁钥都很精美小巧，用来放置古玉等贵重饰物或晋唐小卷书画最好。还有一种稍大些的，样式也很古雅，上面绘有方胜、璎珞等饰品图样，轻巧如纸，也可放置书画、香药及各种杂玩，居室中应该多收藏几个以备用。还有一种旧式断纹的箱子，上圆下方，是古人所用的经箱，放置在佛座上，也不俗气。

屏

屏风的制作最需要古雅，以大理石镶嵌下座、做工精细的为珍贵；其次是祁阳石的；再次是花蕊石的。如果没有古旧的，也应该仿照古旧样式去制作，至于纸糊的、围绕的、木制的，都不入品。

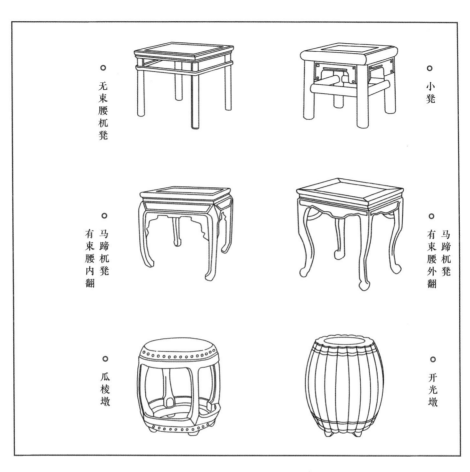

○ 无束腰杌凳

○ 小凳

○ 马蹄杌凳
有束腰内翻

○ 马蹄杌凳
有束腰外翻

○ 瓜棱墩

○ 开光墩

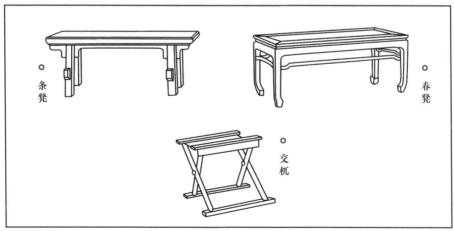

○ 条凳

○ 春凳

○ 交杌

卷七
器具

| CHAPTER SEVEN |

古人制作器具追求实用，不惜工本，所以十分精良，不像后人这样敷衍粗糙。上至钟、鼎、刀、剑、盘、匜，下至笔墨、纸张，古人都以精良制作为佳，不只追求铭刻金石、题记书画。如今的人见闻不广，一味地跟风附势，不分雅俗；还有的人只追求华丽，不识古雅，居室窗户几案，毫无风雅可言，却大谈陈设，实在不敢苟同。

| 香炉 |

夏商周三代、秦汉时期的鼎彝，及官窑、哥窑、定窑、龙泉窑、宣窑所制的香炉，都是用来赏玩的，不适合日常使用。只有稍大的明代宣德年间的铜炉最适用。宋代姜氏所铸铜炉也可以，只是不可用烧香之炉、太乙炉以及镀金白铜双鱼、象形之类的铜炉。尤其忌用的是云间、潘氏、胡氏所铸造的八吉祥、日本风景、百钉等这一类的俗制铜炉，以及新产的建窑瓷、五彩花瓷器香炉。另外，青绿古铜博山炉也可以偶尔使用。木香炉可置于山中，石香炉只可用于供佛，其余的都不入品。古代的香炉都有底盖，现在的都用木头做成。乌木的最好，紫檀木、花梨木都可用，忌讳装饰有菱花、葵花这些俗样式的。炉顶可做成玉石帽顶和角端、海兽这些样式，大小与香炉相配，玛瑙、水晶这一类旧样式也可用于炉盖。

▌ 袖炉 ▌

熏衣暖手，袖炉最不可缺少。以日本制造的有镂空炉盖的漆鼓形袖炉为上品。新制的有轻重方圆区别的两种样式，都是俗品。

▌ 手炉 ▌

将古青绿铜大盆及簠簋等器皿用作烘手取暖的炉子，宣铜制作的兽头鼓身的三脚炉也可用，只是不能用黄白铜及紫檀、花梨木做炉架。旧制脚炉中有莲花座细铜钱花纹的，有形状像匣子的，最为雅致。被炉有香球等样式的，都很俗气，完全废置不用。

▌ 香筒 ▌

旧制的香筒有李文甫制作的，上面雕刻有花鸟竹石，还是以古朴简约为珍贵。如果太有脂粉气，或者上面雕刻故事人物，就成了俗品，也不必放入怀袖间使用了。

▌ 笔格 ▌

笔架虽是古制，但是现在已用砚台，如用灵璧石、英石制作的，峰峦起伏，不显露任何斧凿痕迹，所以笔架可以废弃不用了。古玉笔架有山形的，有子母猫的，长六七寸，用白玉做成母猫，用有瑕疵的玉或者纯黄纯黑的玳瑁做成小猫。古铜笔架有鎏金双螭相挽为格，有十二峰为格，有单螭起伏为格。瓷器笔架有定窑白瓷的三山峰、五山峰和躺卧娃娃，都是用来收藏供赏玩的，不必放置于几案之上。有一些俗人将盘曲万状的老树根制作成龙形笔架，带有爪牙，这是最忌讳的，不可用。

▋ 笔床 ▋

笔床的制作，现世不多见。古时有镀金的，长六七寸，高一寸二，宽两寸多，上面可放置四管毛笔，但像一个架子，很不美观。虽是旧式，也可废弃了。

▋ 笔屏 ▋

笔屏是用来插笔的，也不雅观。有宋代内府所制的方圆玉花板的，有大理石的，不到一尺见方，放置于几案之上，也很难看，可以完全废弃不用。

▋ 笔筒 ▋

笔筒以湘竹、棕榈制成的为佳，毛竹做的，以镶有古铜的为雅，紫檀、乌木、花梨木也间或可用，忌讳八棱花样式。陶瓷制作的以古代定窑白瓷的竹节形状的最为珍贵，但很难得到大的。细花青冬瓷及宣窑瓷的笔筒，都可用，还有一种鼓形笔筒，中间有孔可用来插笔和墨，虽为旧物，但也不雅观。

❚ 笔船 ❚

以紫檀木、乌木镶有竹篾的笔盘都可用，只是不可用象牙、玉石制作。

❚ 笔洗 ❚

玉制的笔洗有钵盂洗、长方洗、玉环洗。古铜笔洗有古鎏金小洗，有青绿小盂，有小釜、小卮、小匜，这五种原本不是笔洗，现在用作洗最好。陶瓷笔洗有官窑、哥窑的葵花洗、磬口洗、四卷荷叶洗、卷口蔗段洗。龙泉窑产有双鱼洗、菊花洗、百折洗。定窑产有三箍洗、梅花洗、方池洗。宣窑产有鱼藻洗、葵瓣洗、磬口洗、鼓样洗，这些都可用。忌用绦环及青白相间等样式，还有中盏作笔洗，边盘作笔砚的，这些都不可用。

❚ 笔砚 ❚

定窑、龙泉窑所产的小浅碟都很好，水晶、琉璃的样式都不雅观，有一种玉碾片叶做成的笔砚，尤为俗气。

▌ 书灯 ▌

书灯有古铜驼灯、羊灯、龟灯、诸葛灯，均可供赏玩，但不适用。有一种铜制灯架，状如一片荷叶上撑起一枝荷花，古人取其金莲之意，现在用来作灯，最为雅致。定窑三台、宣窑二台，都不能使用。旧制中用洁白光滑的麻布做成，形状古朴矮小的较好。

▌ 灯 ▌

福建珠灯为第一，玳瑁、琥珀、鱼脑骨灯次之，由名家赵虎画的羊皮灯，也应该多收藏。料丝灯以云南产的最好，丹阳产的有横光，不是很雅致。至于像山东产的珠灯、麦灯、柴灯、梅灯、李灯、花草灯、百鸟灯、百兽灯、夹纱灯、墨纱灯等，都不入品级。灯的样式以四面如屏、中间画有花鸟、清雅入画为佳，人物、楼阁，只可用于羊皮灯上面，其他的如蒸笼圈、水精球、双层、三层等样式的，都很俗气。篾条编制的虽然做工精巧绚美，但终有寒酸之气。曾见过元代的布罩灯，很奇特，也并不时尚。

烛台

镜

饰有秦代图形、黑漆色、镜背厚实无纹的古铜镜
为上品；如银色古铜镜背带有花纹的次之。有一
种像铜钱大的小镜，背面布满铜绿，镶嵌有金银
五岳的图样，便于携带。菱角形、八角形、有柄
方镜，俗不可用。轩辕镜，形状如球，悬挂在榻前，
用以辟邪，但不属于旧式。

○ 铜
镜

钩

古代腰带铜钩，有用金、银、玉镶嵌的，有装饰
金银片的，有做成兽形的，这些都是三代的物品。
有鎏金的羊头钩、螳螂捕蝉钩，都是秦汉时代的。
室中多摆设一些，用来悬挂书画、拂尘、羽扇等，
最为雅致。钩的尺寸从一寸到一尺，都可使用。

束腰

汉代的带钩、佩玉只有二寸多长，用来作为腰带，很方便。稍微大一些的就成为玩物了，不可日常使用。丝绳用沉香色、真紫色，其余的颜色都不适宜。

如意

古人用如意来指挥往来或者预防不测的，所以用铁做成，不只是为了美观而已。古旧的铁如意，上面有金银错，或隐或现，古色模糊的，最好。至于用天生的树枝、竹根等制作的，都是废物。

○
如
意

麈

古人手执拂尘用来清谈，现在如果对客挥舞拂尘，便会令人作呕了。但是在斋中墙上悬挂一把，可作为收藏。有旧玉柄的拂尘，是白麈尾的或者青色丝线的，很雅致。至于天然竹根、古藤制作的，虽然玲珑剔透，但都不能使用。

▌ 钱 ▌

钱的样式非常多，《钱谱》有详细记载。有金嵌青铜刀币，可作签，如《博古图》等书有详细的介绍。鹅眼小钱、货布可挂于杖头做装饰。

▌ 花瓶 ▌

古铜花瓶藏于土中多年，地气深厚，用来养花，花色鲜亮，不只是古色古香可供赏玩而已。可用于插花的铜器称之为尊、罍、觚、壶，根据花的大小来选用。瓷器用官窑、哥窑、定窑的古胆瓶、一枝瓶、小蓍草瓶、纸槌瓶，其余的如暗花、青花、茄袋、葫芦、细口、扁肚、瘦足、药坛及新铸铜瓶，建窑等瓷瓶，都不能用于清玩。尤其不能使用的，是鹅颈壁瓶。古铜汉代方瓶，龙泉窑、均州窑产的瓷瓶，有一种二三尺高的瓶子，用来插梅花，最相称。瓶子中用锡制的屈管来盛水，可防止瓶子破裂。花瓶大多宁可瘦长，不可过于粗壮，宁大勿小，瓶高在一尺至一尺五寸最好。

▌ 钟磬 ▌

钟磬不可相对摆设，收藏秦汉时期的古铜镈钟、编钟及古代灵璧石磬中声音清越悠远的，悬挂在室中，敲击以净耳。有一种旧玉的磬，股三寸，长一尺多，只可用来赏玩。

杖

杖头刻有鸠形的拐杖最古老，因为老人多易咽喉梗塞，而鸠鸟能治咽喉梗塞的缘故。鸠杖有夏、商、周时期的立鸠、飞鸠杖头，周身镶嵌金银，装饰于方竹、筇竹、古藤之上，最为古雅。手杖需要七尺多长，磨弄光滑的最好。天台藤中有自然弯曲的，一旦做成龙头等样式，就断断不可用了。

扇·扇坠

扇子中羽扇最古老，但要配以古团扇的雕漆柄才好。其他如竹篾扇、纸糊扇、竹根及紫檀做柄的扇，都很俗气。现在的折叠扇，古代称作"聚头扇"，是从日本引进的，日本现在还有极佳的折叠扇，展开有一尺大，合拢来仅有两指宽，扇面所画多仕女、乘车、跨马、踏青、拾翠，还有画金银屑布满地面及银河中的神仙的，形状大致相似，所用青绿色颜料非常奇特，专门用空青、海绿来染色，真是奇物。四川府进献朝廷的，有一种用金属铆钉穿制扇骨、扇面轻薄如丝的，最为贵重。内府还有彩画、五毒、百鹤鹿、百福寿等样式的，有些俗气，但也华丽可观。徽州、杭州也有比较轻薄雅致的。苏州最看重书画扇，扇骨以白竹、棕竹、乌木、紫白檀、湘妃、眉绿等做成，间或也有用象牙及玳瑁做成的，有圆头、直根、绦环、结子、板板花等样式，扇面是素白金面，请名家题字作画，其中的佳品价格极高。制扇的工匠有李昭、李赞、马勋、蒋三、柳玉台、沈少楼等人，都是高手。纸墨品质低劣，易损坏，不堪携带，所以将扇面装订成册以供赏玩，相沿既久，习以成风，以致成为苏州的特色，但实为俗气的做法，不如四川的扇子适用。扇坠宜用伽南木、沉香木来制作，或者用汉代的小佩玉或者琥珀掠眼也可以，香珠、缅茄一类的，断不可使用。

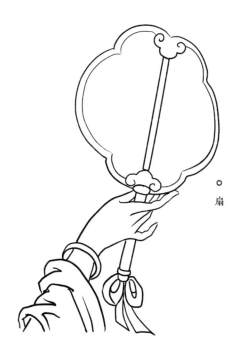

。扇

琴

琴是古乐器，即便不会弹琴，也需要在墙壁上挂一张。古琴以久经岁月、漆光退尽、纹如梅花、木色深暗、弹奏之声不低沉的为珍贵。琴轸以犀角、象牙的为雅致。以蚌珠作为徽识，不必用金玉。琴弦用白色柘丝，古人虽有朱弦清越的说法，但不如本色琴弦有天然之妙。唐代有雷文、张越，宋代有施木舟，元代有朱致远，本朝有惠祥、高腾、祝海鹤及樊氏、路氏，这些都是造琴高手。悬挂古琴不可靠近风吹日晒之处，装琴的袋子要用古织锦来做，琴轸上不可有红绿流苏，不可横着抱琴。夏天弹琴，只宜早晚，中午时汗水多容易把琴弄脏，并且空气干燥，琴弦易断。

琴台

用河南郑州所产有方胜、象眼花样的空心砖建造琴台，利用了空心使琴声更响亮的特点，但这种琴台更适合放置盆景和山石。应该另置一小几做琴台，长度超过琴身一尺，高二尺八寸，宽度可容三架琴，这样才雅致。坐凳用胡床，两手更便于运动，需要比一般的稍高，这样不费力。还有一种琴台，以紫檀镶边，用锡做水池，以水晶做台面，在水池中蓄养鱼藻，实在是很俗的做法。

研

砚台以端溪石为上品，产自广东肇庆府，端溪砚有新旧坑、上下岩之别，以石色深紫、手感温润、敲击声音清远、有重晕、青绿色、有圆形斑点的为珍贵；其次是颜色赤红、呵气才温润的；还有一种石纹粗大的西坑石，不太珍贵。有一种天然石子，温润如玉，研磨无声，发墨而不坏笔，确为稀世珍品。也有无眼的好砚台，如白端、青绿端，不能以是否有眼来辨别优劣。黑端出自湖广辰州、沅州，虽有小眼，但石质粗糙干燥，不是端石。还有一种出自婺源歙山、龙尾溪的砚石，也有新旧二坑，南唐时开始开采，到北宋时已采尽，所以所谓旧砚并不是宋代的，而是这里的石头。砚石有金银星及罗纹、刷丝、眉子等样式，其中青黑色的尤为珍贵。黎溪石出自湖广常德、辰州两地，石色淡青，内中深紫色，有金黄色的纹理，俗称紫袍、金带。洮溪砚出自陕西临洮府的河中，石绿色，温润如玉。衢砚出自衢州开化县，有极大的，黑色。熟铁砚出自青州，古瓦砚出自相州，澄泥砚出自虢州。砚的样式规格不相同，宋代进献皇宫的，有玉台、凤池、玉环、玉堂等样式，即现在所谓的"贡砚"，很为世人看重。砚台以高七寸、宽四寸、下面可容一只拳头的为珍贵，不知道这种规格而进奉的另一种，它的制作很俗气。我所见到的宣和古砚台，有极大的，有小八棱形的，都古雅浑朴。还有圆池、东坡瓢形、斧形、端明殿等样式的，都可使用。葫芦形状的稍俗，至于像雕镂二十八星宿、鸟、兽、龟、龙、天马及剥落部分砚石，嵌入古铜玉器，做成七星形眼的，都堕入俗道。砚台要每天清洗，清除积存墨汁，新的墨汁就光亮润泽，但是砚池边久浸不上浮的斑驳墨迹，称之为"墨锈"，不可清除。砚台用的时候就灌水，用毕就要使它干燥。洗涤砚台可用莲蓬壳，能清除污垢淤滞，又不损伤砚台。特别忌讳用滚水磨墨，茶水、酒水都不行，更不要让顽童清洗砚台。砚台匣子适宜用紫漆、黑漆，不能用金属的，因为金属使砚石干燥。至于紫檀、乌木及雕红、彩漆的匣子，都很俗，不可使用。

笔

尖、齐、圆、健是毛笔的四德，因为毫毛坚硬就"尖"，毫毛多就"齐"，毫毛黏贴得好就"圆"，用纯净的毫毛添加香狸油、胶水黏合得法，经久耐用，笔就"健"，这是制作毛笔的诀窍。古代有金银管、象管、玳瑁管、玻璃管、镂金、绿沉管，近有紫檀、雕花等笔杆，这些都很俗气，不可使用。只有斑竹做的笔杆最雅致，不然的话就用箬竹来做笔杆。寻丈的大笔，用木做笔杆，也俗气。应当以筇竹来做，因为竹子细而且竹节大，易于把握。笔头的样式应该像尖笋，细腰、葫芦等样式的，仅可用于写小字，但也是现在时尚的样式。画笔以杭州产的为佳。古人用笔洗，因为写完字就洗去剩余的墨汁，笔毛坚硬不脱落，经久耐用。笔坏了就埋起来，所以有败笔成冢的说法，此话不虚。

墨

墨的妙用，质地要轻，墨色要清，闻之无香，研磨无声，如晋、唐、宋、元书画，都流传数百年，仍然墨色如漆，神气完好，这都是好墨的功效。所以用墨一定要选择精品，并且墨要每天放于几案之间，即便是样式也要雅致，如朝官、魁星、宝瓶、墨玦等样式，即使墨色很好也不能用。宣德墨最好，几乎与宋代宣和内府的墨相同，可以收藏以供玩赏，或者用来临摹古书画，因为墨的胶色已经退尽，只剩下墨光。唐代的墨以奚廷珪所制为第一，张遇所制为第二。廷珪被皇帝赏赐国姓，他制作的墨现在几乎与珍宝同价。

▊ 纸 ▊

古人刮去竹简表面的青皮来写字，后来才使用纸张。北纸用横帘制造，纹理是横的，纸质疏松粗厚，称为"侧理"。南纸用竖帘制造，王羲之、王献之的真迹用的多是南纸。唐代有硬黄纸，用黄蘗染成，利用了它能杀虫的特性。唐代四川名妓薛涛所作纸笺，名为"十色小笺"，又叫"蜀笺"。宋代有澄心堂纸，有黄白经笺，可以揭层使用。有碧云春树、龙凤、团花、金花等笺；有匹纸，长三至五丈；有彩色粉笺及藤白、鹄白、蚕茧等纸。元代有彩色粉笺、蜡笺、黄笺、花笺、罗纹笺，都产自绍兴；有白箓、观音、清江等纸，都产自江西。山居应当多收藏一些以备用。本朝的连七、观音、奏本、榜纸，都不好。只有宫廷用的细密洒金五色粉笺，像板子一样坚硬厚实，表面光亮如白玉，有印成金花五色笺的，有像素色绸缎青色，都很宝贵。现在苏州的洒金纸，松江潭笺，都不耐久，泾县的连四纸最好。高丽还有一种纸，是用绵茧制造的，色白如绫，坚韧如帛，用来书写，发墨可爱，这是中土所没有的，也是奇品。

▊ 剑 ▊

现在没有剑客了，所以世上少有名剑，即便是铸剑的方法也失传了。古剑铜铁互用，陶弘景所著《刀剑录》载有"弯曲如钩，伸展如弦，铿锵有声"，这些都是不曾亲眼见到的。现在没有能比得上日本所铸的剑，寒光逼人。曾见到过古铜剑，布满青绿的古铜，收藏起来也可供玩赏。

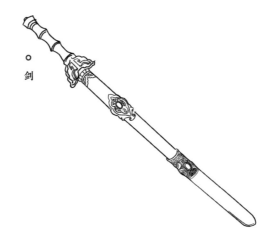

○ 剑

▌ 印章 ▌

印章以青田石莹洁如玉、经日光照耀灿烂如灯光的为雅致。但古人实际并不看重青田石，金、牙、玉、水晶、木、石都可用来篆刻印章，只有陶瓷印章断不可用，即便是官窑、哥窑、青冬窑的瓷器，也不是古雅器物。古鎏金、镀金、细错金银、商金、青绿、金玉、玛瑙等印章，篆刻精致古雅、纽式奇巧的，都应该多收藏，用来鉴赏。印泥池以官窑、哥窑的方瓷盒为珍贵，定窑以及八角形、圆形的次之，青花白地、有盖的、长方形的都很俗。现在有做成全身和盖都是螭形的白玉印池，非常古雅，但不入品。有夏商周时期的玉石方池，内外部有土锈血侵，不知原来是做什么用的，现在作为印池就很古雅，但不适合日用，只可作为一种文具收藏。图书盒子以豆瓣楠、赤水木、椤木来做，做成成套方盒，不然的话就用退光素漆，其他如剔漆、填漆、紫檀镶嵌古玉、毛竹、攒竹等，都不雅观。

文具

文具虽为时下流行用具，但出自古代名匠之手的，也有非常好的。用豆瓣楠、瘿木及赤水、椤木来做雅致，其余的如紫檀、花梨等木，都很俗气。三层为一屉，其中放置一个小端砚，一个笔砚，一卷书册，一个小砚台，一块宣德墨，一个日本漆墨匣。首格放置一个玉制秘阁，一块古玉或一个铜镇纸，精铁古刀大小各一个，一把古玉柄的棕帚，一个笔船，两枝高丽笔。第二层放置古铜水盂一个，糊斗、蜡斗各一个，古铜水杓一个，鎏金铜器青绿笔洗一个。第三格稍高些，放置一个小宣铜彝炉，一个宋代剔红漆盒，日本漆提盒一个，定窑白瓷或五色瓷小盒一个，矮小花酒杯或小觯一个，图书匣一个，其中收藏几方极好的古玉印池、古玉印、鎏金印，日本漆小梳匣一个，内中置备玳瑁小梳子及古玉盘匜等器物，古犀牛玉石小杯两个，其他精雅的古玩，也都可收藏其中，以供玩赏。

梳具

用楠木的树根来做梳具，或者是日本所做的，其他的如缠丝、竹丝、螺钿、雕漆、紫檀等，都不可用。其中放置玳瑁梳、玉剔帚、玉缸、玉盒之类的梳具，即便不是秦汉间的旧物，也要稍微古旧一些的为好。如果把时下流行的一些俗物放进去，就不适合风雅之士使用了。

海论铜玉雕刻窑器

夏商周及秦汉时期的玉器，古雅不凡，例如子母螭、卧蚕纹、双钩碾法，变化生动，纤细可入毛发，岁月经久，带有泥土印迹、血色印迹的最多，只是翡翠色、水银色，有铜锈痕迹的，很少见到。玉以红如鸡冠者为最好，黄如蒸熟的栗子、白如油脂的次之，黑如点漆、青如新柳、绿如铺绒者又次之。现在所流行的翠色，透明如水晶的，古人称之为碧，不是玉。玉器中圭璧最贵，鼎彝、觚尊、杯注、环块次之，钩束、镇纸、玉璜、充耳、刚卯、瑱珈、珌瑝、印章之类又次之，琴剑觿佩、扇坠更次。

铜器：鼎、彝、觚、尊、敦、鬲最贵，匜、卣、罍、觯次之，簠簋、钟注、歃血盆、奁花囊之属又次之。三代的区别在于，商代的质素无文，周代的雕篆细密，夏代的镶嵌金、银，精巧细密如毛发，款识少者一二字，多则二三十字。有二三百字的，一定是周末先秦时的古器。

篆文：夏代用鸟迹，商代用虫鱼，周代用大篆，秦代用大小篆，汉代用小篆。三代用阴文，秦汉用阳文，间或也有凹入者，或者用刀刻如镌碑，也有无题款的，是民间的器物，没有标识，不能据此认为就不是古器。有人认为铜器长久地埋在地下，土气蒸发，郁结而生成青色，长久地浸泡水中，被水气浸染，变成绿色，但也不尽然，只是铜气纯正，容易生发出绿锈罢了。

铜色：褐色不如朱砂色，朱砂色不如绿色，绿色不如青色，青色不如水银色，水银色不如黑漆色，黑漆色最易伪造，我认为一定要以青绿色为上品。伪造有用冷冲的，有用屑凑的，有用烧斑的，都很容易辨别。

窑器：柴窑最珍贵，世间难得一见，听说它的制作，色青如天，透明如镜，轻薄如纸，声如钟磬，不知是否果真如此？官窑、哥窑、汝窑的以粉青色为上品，淡白色次之，油灰色的最差。纹理以冰裂、鳝血、铁足为上品，梅花片、墨纹次之，细碎纹最差。官窑的暗花纹如蟹爪，哥窑的暗花纹如鱼子，定窑的以白色而带有如泪痕般釉水的为佳，紫色和黑色的都不珍贵。均州窑器颜色如胭脂的为上品，青若葱翠、紫若墨色的次之，杂色的不好。龙泉窑产的很厚实，不易破损，只是工匠技艺不高，不太古雅。宣窑冰裂、鳝血纹的，与官窑、哥窑的相同，暗花纹如橘皮、红花、青花的，都鲜艳夺目，错落层叠，非常可爱。还有元代有烧枢府字号的瓷器，也有很好的。至于永乐年间的细款青花杯、成化年间的五彩葡萄杯及纯白薄如琉璃的，现在都很贵重，其实不太雅致。

雕刻精妙的，以宋代为贵，俗人崇尚金银胎的，最为可笑，因为雕刻的妙处在于刀法圆熟，藏锋不露，漆色鲜红，漆层坚厚而无破裂，所刻山水、楼阁、人物、鸟兽，都俨若图画，极其绝妙。元代的张成、杨茂两位名家，也以此技名噪一时。本朝果园厂所制雕漆，刀法比宋代稍逊一筹，但也很精细。至于雕刻器皿，宋代以詹成的制作为首，本朝则是夏白眼的最有名气，宣宗年间很受推崇。苏州的贺四、李文甫、陆子冈，都是后出的高手，但雕刻的一定以白玉、琥珀、水晶、玛瑙等为佳品，一雕刻竹木，就不贵重了。至于雕刻果核，虽达到技艺精巧的极端，但终归是旁门左道。

卷八
位置

CHAPTER EIGHT

空间布置的方法，繁简不同，寒暑不同，高楼大厦与幽居密室不同，各有所适宜的方式，即使是图书及鼎彝之类的玩物，也需要安置得当，才能达到如图画一般的效果。元代画家云林的居所在高树古石之中，仅一几一榻，却令人想见他山居的风致，觉得神清气爽。所以风雅之士的居所，入门便应有一种高雅绝俗的趣味。如果在前庭养鸡养猪，而在后庭大讲浇花洗石，还不如尘土布满案几，四壁矮墙，那倒还有一种萧瑟闲寂的气息。

悬画

画宜高高悬挂，室中只能悬挂一幅，如果两壁及左右对列悬挂，最俗。长幅画卷可以挂在高处，不可用细竹曲挂。画桌上可摆放奇石，或者盆景花卉之类，忌讳放置朱红漆架子。厅堂中适宜悬挂大幅横披，室中适宜小景、花鸟画；像单条、扇面、斗方、挂屏这一类的，都不雅观。如果悬挂的绘画与环境不协调，那就适得其反了。

置炉

在常用的坐几上放置日本式的小几一个，上面放置一个炉子，一个盛放生香、熟香的大香盒，两个盛放沉香、香饼的小香盒，一个箸瓶。一室之中不可用两个炉子，不可放在靠近挂画的桌子上，瓶子与盒子不可对列。夏天宜用陶瓷炉，冬天宜用铜炉。

▎置瓶 ▎

根据瓶的样式和大小摆放在大小矮几之上，春冬用铜瓶，秋夏用瓷瓶。厅堂适宜大瓶，书房适宜小瓶，以铜瓶瓷瓶为贵，以金瓶银瓶为贱，忌讳有瓶耳，忌讳成对摆放，瓶花适合纤巧，不适宜繁杂。如果插一枝，要选择奇特古朴的枝干，如果插两枝要高低错落，也只能插一两种，太多就像酒肆了。只有秋花插入小瓶中，可以不论多少。插花的房间不可关窗焚香，花被烟熏会枯萎，水仙更是如此。插花也不能摆放在画桌上。

○ 置瓶

▌ 小室 ▌

小室之内不宜多置几和榻，只需要放置古制的窄边书几一个，上面置备笔砚、香盒、薰炉一类的东西，都要小巧雅致。另外摆设一个石制小几，用来放置茶具；一个小榻，用来供坐卧。小室内不必悬挂图画，有的人陈设古奇石，有的人用小佛厨供奉镀金小佛像，都可以。插花的房间不可关窗焚香，花被烟熏会枯萎，水仙更是如此。插花也不能摆放在画桌上。

▌ 卧室 ▌

卧室装地板天花板虽然俗气，但用于卧室能保持干燥，可以使用，只是不可装饰彩画和油漆。在朝南的方向摆放一张卧榻，榻后留出半间房子，人过不去，用来摆放薰笼、衣架、盥匜、厢奁、书灯一类的东西。榻前只摆放一个小几，上面不摆放任何东西。另外置放两个方凳，一个小橱，用来摆放药和玩器。卧室内要简洁素雅，一旦装饰得绚丽多彩，便会像闺阁中一样，不是幽居之人山居所适宜的。还需要一个穴壁，作为壁床，可用来并床夜话，下面设置抽屉来放置鞋袜。室中不需要多种花木，只需要找来品种奇特珍贵的，栽种一棵即可，再配上灵璧石、英石就可以了。

▌ 敞室 ▌

夏天应该敞开屋子，把窗户、窗栏全部撤除，屋前是梧桐树，屋后是竹林，不见阳光。摆放一个特别长大的木几在屋子正中，两旁各放一张无屏长榻。夏天不用挂画，因为好画夏日容易干燥受损，况且后壁洞开，也无处悬挂。北窗下摆放一张斑竹榻，铺上席子，可以躺卧。书案上放置大砚台一个，青绿水盆一个，以及尊彝之类，都要用较大的。书案旁边放置一两盆建兰。奇峰古树、清泉白石等盆景，不妨多陈设一些。屋子四周垂竹帘，看上去非常凉爽。

卷九
衣饰

| CHAPTER NINE |

服装的样式规格，要与时代相适宜。我们既不能披破衣，扎草索，也不能缀玉垂珠，穿金戴银。夏天，应当穿葛麻，冬天穿皮裘，衣着自然文雅，居住在城市之人，应有儒雅风度；闲居山林之人，应有隐逸之气势。如果一味追求华服，与豪富之子攀比斗艳，哪里能体现诗人衣着鲜明的宗旨呢？至于蝉冠朱衣，方心曲领，玉珮红鞋的为"汉服"；幞头大袍的为"隋服"；纱帽圆领的为"唐服"；檐帽襴衫、申衣幅巾的为"宋服"；巾环滚领、帽子系腰的为"金元服"；方巾圆领的为"国朝服"，这些都是历代服饰的规格，不敢妄议。

| 道服 |

道家的服饰，是用白布做长袍，四边镶上黑布宽边；或用褐色长袍，镶以黑布边。另外有月衣，铺在地上，犹如半圆月形；披在身上，犹如鸟羽之衣。这两种衣服是坐禅、骑马和挡雪避寒时必不可少的。

○ 道服

▌ 禅衣 ▌

禅衣，是用厚毡做成的，俗名"琐哈刺"，是番语译音，不易理解。它的外形像绵羊毛，层层叠叠，垂坠厚密，如毡子耐用。禅衣产自西域，听说在那里也非常珍贵的衣服。

▌ 帐 ▌

冬天，用茧丝或紫花厚布做成床帐，纸帐与薄丝绸帐都很俗，锦帐、帛帐都是闺阁之物；夏天，可以用蕉布做床帐，但很难得到。江苏青纱和花手巾做成的帐也可以。在帐上画上山水梅花，这是想求雅致反倒落得俗气。还有做得很大的床帐，称为"漫天帐"，夏天坐卧其中，摆上几榻橱架等物，虽然适意，但不古雅。冬天，居室窗户上挂上布帐，青、紫二色都可使用。

冠

在头冠中，铁冠最为古朴，犀角、玉石、琥珀的稍次，
沉香、葫芦的又次一些，笋壳、瘿木做成的最差。
只有偃月、高士两种样式可取，其余的都不适宜。

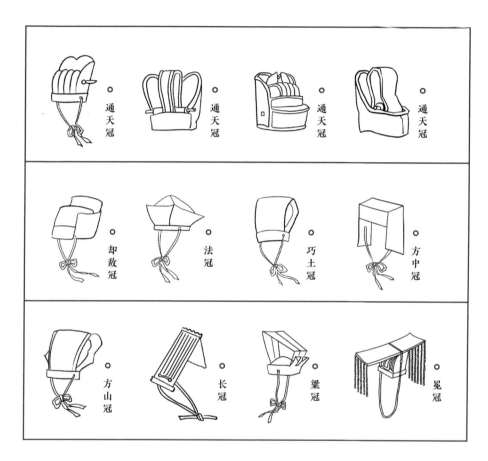

○ 通天冠　　○ 通天冠　　○ 通天冠　　○ 通天冠

○ 却敌冠　　○ 法冠　　○ 巧士冠　　○ 方中冠

○ 方山冠　　○ 长冠　　○ 梁冠　　○ 冕冠

巾

唐巾与汉代头巾的样式差别不大，现在所崇尚
的"披云巾"最俗，这是有人按自己的喜好来做
的头巾，"幅巾"最为古雅，但不方便使用。

▍笠▍

细藤做的斗笠最好，方圆二尺四寸，用黑绢滚边，
走山路时用来挡风蔽日；还有树叶、羽毛做成的
斗笠，都是地方用具，不常用。

▍履▍

冬天穿秧鞋最适宜，舒适温暖。夏天穿的棕榈鞋，产自温州的最好，像方舄等制作样
式不俗的鞋子，都很适合远游时穿。

。草
鞋

卷十
舟车

┃ CHAPTER TEN ┃

在水中航行的大船巨舰，首尾相接，不是贫寒的读书人所能拥有的；小船小艇，无法歇息起居。要让屋宇精致敞亮，无论是室内陈设还是舱外宴饮都要适宜。可用来迎来送往，以尽离别情谊；可用来登山涉水，抒发思古幽情；可用来踏雪载月，表达高远的情致；或在船上共享良辰，或看美女乘舟采莲，或听子夜泛舟浅唱，或赏江中之歌舞，这些都可谓是人生一大快事。至于游览之具，篮舆最为便利，只要使它规格适宜、样式清新，就能登高涉远。难道一定要车驾缀满带玉、五彩、挂上竹席、装饰绚丽、车铃响亮，才能行驶顺畅、道路通达吗？

┃ 巾车 ┃

今天所说的"肩舆"，就是古代的"巾车"（轿子）。古时用牛马，而现在用人力，实在不适合文人雅士乘坐。福建、广东的巾车，华丽轻便。湖南、湖北有以藤条为杠的巾车，也很好。近年金陵所产的缠藤巾车，颇为俗气。

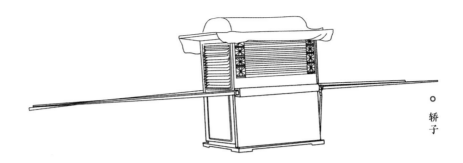

。轿子

篮舆

在没有其他的交通工具的情况下走山路，篮舆就
必不可少。武林山所产的篮舆，座位和脚踏处都
有绳网遮拦，上下陡坡都很平稳，非常舒适，只
是不能遮风挡雨。有一种篮舆设有支架铺上帐幔，
不雅观。

舟

舟的形状和划船相似，底部平直，长三丈多，头
部宽五尺，分为四个舱：中舱可容宾主六人，放
置桌凳、笔床、酒枪、鼎彝、盆景之类的东西，
以轻巧的为好；前舱可容童仆四人，放置酒壶、
茶炉、茶具；后舱用木板隔开，空出一个小巷，
方便出入。舱中可安置一张榻，一个小几。小橱
柜上放一张木板，可摆放书卷、笔砚之类。榻下
可放置衣箱、便器。船幔要用木板，不能用竹席。
两边不设栏杆，用布绢做幔帐，遮挡阳光，阴天

就卷起来，用带子来卷，而不是用钩。其他的像
楼船、方舟等样式，都很俗气。

小船

小船，长一丈多，宽三尺左右，放在池塘中。有时在湖面泛舟，有时停靠于杨柳拂动的河岸，执竿垂钓，弄月吟风。小船用蓝布做篷，两边延伸作檐，前面用两根竹竿支撑，后面固定在船尾，行船时需要一个童撑船。

。
小
船

卷十一
蔬果

┃ CHAPTER ELEVEN ┃

孟尝君的座上之客分为三等，上等客人吃肉，中等客人吃鱼，下等客人吃蔬菜，这便是千古势利处世的思想源头。我们欣慕高洁的芝桂，却不能食花花草草；相反，大量饮酒食肉，满足口腹之欲，真是玷污我等的素雅高洁的生活。古人食蔬菜，竹笋，野生植物，所以提前准备野味野菜，以供白日清谈、夜晚小酌时佐酒；酒器食具要古雅精净，不能沾染丝毫肉铺酒肆的市井气。还应多备些名酒及山珍海味，比如鹿脯干、荔枝之类，让菜肴既可口又悦目，不只是让人动箸、流涎而已。

┃ 樱桃 ┃

樱桃古时称作"楔桃"，也叫"朱桃"，又叫"英桃"，常被鸟含在嘴里，所以《礼记》中称之为"含桃"。用白色盘子盛放，色味俱佳。南京官妓坊有一种樱桃干，加入了玫瑰花瓣，非常好吃，但价格昂贵。

┃ 桃李梅杏 ┃

树生长迅速，所以有"白头种桃"的谚语。桃树的品种有匾桃、墨桃、金桃、鹰嘴、脱核蟠桃，用蜜汁煮食，味道甜美。李子品级次于桃树，有粉青、黄姑两种，还有一种叫"嘉庆子"，味微酸。北方人要到果实成熟时才能辨别梅、杏。梅树嫁接到杏树上，生出的果实叫"杏梅"。还有一种早梅，入口即化，格外清脆，虽然只是普通水果，却能止渴提神，很有用处。

橘橙

橘子又称为"木奴"，既可食用，也可卖了换钱。品种有绿橘、金橘、蜜橘、扁橘数种，都产自洞庭湖；另有一种小于闽橘的"漆堞红"，色味都与闽橘相似，但味道更佳；产自衢州的薄皮橘子也很好吃，但不多见。山中的人们将没有成熟却掉到地上的橘子制成药橘，用盐腌渍，味道更好。黄橙可以像切鱼肉那样，片切为薄片，即古人所说的"金齑"；但如果都如法炮制，切成丁和片，那就"俗味"了。

柑

产自洞庭湖的柑，味道甘美。产自新庄的柑，没有汁液，要用刀切开吃。还有一种粗皮的柑，叫"蜜罗柑"，也很甜美。小的叫"金柑"，圆形的叫"金豆"。

枇杷

独核的枇杷，品质最好，枝叶都很招人喜欢，枇杷又叫"款冬花"，枯萎后放入果盒里面，色泽金黄，味道甜美。

▌ 杨梅 ▌

杨梅是苏州著名的水果，与荔枝相媲美。产自苏州光福山的杨梅最美味。山人用漆盘盛放杨梅，杨梅的颜色和漆盘一样鲜亮。山中杨梅个头大，一斤只有二十枚，果品极好。杨梅成熟时正值暑期，不能远途运输。苏州有不怕麻烦的人，或用快艇运输，或乘船前往品尝。产自其他山里的杨梅，味道酸涩，颜色浅淡。有人用烧酒来泡杨梅，颜不变而味淡；有用蜜渍的，色味俱差。

▌ 葡萄 ▌

葡萄有紫色、白色两种，白色的叫"水晶萄"，味道不如紫葡萄。

○ 葡萄

▌荔枝▐

荔枝虽非产自苏州，但苏州荔枝是果中佳品，人人都爱，杨贵妃的"红尘一骑"，并非是她不懂事啊。荔枝中有蜜渍的，肉色也很白，但壳已变红，因此有"红襦白玉肤"的说法。龙眼又被称为"荔枝奴"，香味不及荔枝，品质类很少，价格更贵。

▌枣▐

枣的种类很多，核小色红的，味道很鲜美。南京的枣脯，浙江的南枣，都很珍贵。

▌生梨▐

梨有两种：花瓣圆而舒展，果实甘甜；花瓣少而皱皱，果实发酸。产自山东的梨，有一种和瓜一样大的，味道清甜，入口即化，能消除痰疾。

○ 生梨

栗

杜甫在四川时，靠采摘板栗养家糊口。对于山里人来说，没有比这更好的维持生计的办法了。苏州山上产的板栗，个头小，风干后，味道更美；吴兴产的板栗，从溪流中运出，容易坏，煮熟存放为好。板栗与橄榄同食，被称为"梅花脯"，因为尝起来有梅花香，其实也不尽然。

菱

两角的叫菱，四角的叫芰，苏州的湖泊及农家池塘都有种植。有青红二种，红色的成熟最早，名叫"水红菱"；成熟稍晚且个头大的叫"雁来红"；青色的叫"莺哥青"；青色而个头大的叫"混饨菱"，味道最好；最小的叫"野菱"。还有"白沙角"，都是秋季的美味，能与扁豆媲美。

芡

芡花白昼开放，夜里闭合，到秋天长成像鸡头的子房，种子就在里面，所以俗称"鸡豆"。有秔、糯二种，有的像龙眼大小，味道最好，有益于身体。如果剥肉，加入糖捣碎如泥，就完全失去本来的味道了。

▌ 石榴 ▌

石榴，花朵比果实好，花朵颜色分为有大红、桃红、淡白三种，花瓣重叠繁多的叫"饼子榴"，颜色炽烈如火，不结果实，适宜种植于庭院之中。

。石榴

▌ 白扁豆 ▌

纯白色的白扁豆，味道鲜美，入药有补脾功效，深秋时，应该多种一些供采摘食用，干豆也要贮藏一些，供一年食用。

▌ 茄子 ▌

茄子又名"落酥"，又名"昆仑紫瓜"，在茄子旁种苋菜，一同灌溉，茄子、苋菜都很繁茂地成长，新采摘的茄子味道绝美。蔡遵做吴兴太守时，屋前种白苋、紫茄子，作为日常膳食。贵为太守，尚能如此，我们怎能在饮食中缺少了茄子这一味呢？

。茄子

┃ 芋 ┃

古人以芋头起家，有俗话说："园收芋、栗未全贫"，维持生计的首要办法，就是种芋头。所谓"煨得芋头熟，天子不如我"，言语确实夸张了些，但是寒夜围炉，吃着芋头，其乐融融，幸福实在。因此，芋头别名"土灵芝"，确实不假。

▋ 茭白 ▋

茭白，古时称为"雕胡"，尤其适合水生，逐年移植，
茎上就不会长黑点，池塘中应多种植，来补充菜
园缺少的品种。

▋ 山药 ▋

山药本名"薯药"，产自江苏太仓，大如手臂，
不亚于天公掌，可日常食用。夏天结种子，不太
好吃。至如香芋、乌芋、凫茨之类，都不是佳品。
乌芋即"慈菇"，凫茨即"荸荠"。

▋ 萝葡·蔓菁 ▋

萝葡又叫"土酥"，蔓菁又叫"六利"，都是美味的蔬菜。其他如黑、白两种白菜，莼菜、
芹菜、薇菜、蕨菜之类，都应让园丁多种一些，作为斋日素食。只是不要以此谋利，
沦为卖菜人。

。萝葡

卷十二
香茗

| CHAPTER TWELVE |

焚香品茗，益处多多。隐逸世外，谈玄论道，神清气爽；晨曦薄暮，意兴阑珊之时，可以舒畅胸怀，舒展歌啸；摹拓碑帖，清谈闲吟，挑灯夜读，可以驱除睡意；闺阁女子，密语私谈，可以加深情谊；雨天闭门而坐，饭后散步，可以排遣寂寥烦恼；宴会醉酒，让客人清醒，夜晚谈心，啸吟于空楼，弹琴唱和，可以解渴佐欢。香茗中最优的，要数沉香、岕茶，只是要煎煮得法。只有真正的君子雅士，才会专心领悟。记《香茗第十二》。

| 伽南 |

伽南香又叫奇蓝，又名琪王南，有糖结、金丝两种。糖结最为贵重，表面漆黑，坚硬如玉，上面有像糖一样的油脂。金丝次之，黄色，上面有金色的丝线。伽南香不能焚烧，焚烧时有些微的腥膻味，大的有十五六斤重，放在精美的盘子上面，满室生香，真是奇特之物。小的制作成扇坠、念珠，夏天佩带在身上，可以去除异味。平时用盛放了蜂蜜的锡盒来贮存，盒子分为两格，下格放蜂蜜，上格钻一些龙眼大的孔，使蜂蜜的味道向上与伽南香相通，香就经久不干枯。沉香等香也可以这样做。

龙涎香

苏门答腊的龙涎屿，许多龙卧在那里，龙将唾液吐入水中，收集起来就制成了龙涎香；浮在水面的龙涎品质最好，夹有尘沙的次之；鱼吸入腹中又喷出来、形状如斗的，又次之。龙涎香在苏门答腊也很珍贵。

沉香

沉香质地厚重，剖开后颜色如墨者是佳品，能够沉入水中，但好的速香也能沉入水中。隔火烘烤，将烤焦的另置一处，焚烧用以熏衣被。曾见到嘉靖年间制作的水磨雕刻龙凤图案的沉香，二寸左右，是道士设坛祈祷时的用品，只能用来赏玩而已。

安息香

京都中有数种安息香，总名叫"安息"，"月麟"、"聚仙"、"沉速"为上品，沉速有双料的，最好。内府另有龙挂香，倒挂着焚烧，挂香的架子很好玩，"若兰香"、"万春"、"百花"等品种都不可使用。

茶品

古代论茶道的，不只数十家。陆羽的《茶经》、蔡襄的《茶录》，可谓论述相当详尽。但当时制茶是用熟碾法制成团和条形，所以有"龙凤团"、"小龙团"、"密云龙"、"瑞云翔龙"的称呼。到宣和年间，开始以白茶为贵。宋代主管漕运的郑可简始创"银丝冰芽"，专取茶心嫩芽，用泉水漂洗，去除龙脑香等异味，用刻有蜿蜒小龙的模具压制而成，称为"龙团胜雪"，当时以为是不可更改的制茶方法。但今天所通行的制茶方法已经大不相同了，烹煮方法也与前人不同，但非常简便，很有自然情趣，可谓完全体现了茶的本味。至于洗茶、观察水温、选择茶具，也都各有一定的规则和方法。这岂止是大谈装炭的篮子、盛水的杯子、斑竹风炉、藏茶竹筒而已呢？

虎丘·天池

虎丘茶，最称好茶，为天下之冠，可惜产量不多，又被官府所据有。山里人能得到一壶两壶，便将之作为奇品，但它的味道实在不及芥茶。天池茶产自龙池一带的较好，产自南山一带的最早，微带青草味。

芥

芥茶，产自浙江长兴的最好，价格也很高，最为今人看重；产自荆溪的稍次之。采茶不必太嫩，刚刚萌发的嫩芽，味道不足；也不必太青，太青茶已老，茶味过于浓烈。只有梗蒂刚长成，叶子翠绿而圆厚的为上品。不宜日晒，炭火烘培后扇冷，用箬竹叶包裹后装入大腹小口的瓶中，存放于高处，因为茶叶适宜干燥，忌讳潮湿阴冷。

▌六安▌

六安茶适合入药，不适合炒制，没有香味反而很苦，但茶的本味其实很好。

▌松萝▌

安徽松萝方圆十几亩外，都不是真正的松萝茶，山中只有一两家炒法精湛，近来有一个山僧炒制的，更妙。真正的松萝茶品质在洞山茶之下、天池茶之上，新安人最为喜爱它。南京妓坊也很流行松萝茶，因为它易于烹煮，而且味道浓郁。

▌龙井·天目▌

龙井、天目茶，因为产地山高早寒，冬季多雪，所以茶树发芽较晚，如果采摘、烘焙得当，也可以与天池茶相提并论。

▌茶壶▌

茶壶以砂质的最好，因为既不夺茶香，又没有熟水味，供春砂壶最好，只是形状不雅致，也没有稍小一些的。时大彬所制砂壶又太小。如果能有盛水半升而且形制古雅的砂壶，用来沏茶，那就更好。至于"提梁"、"卧瓜"、"双桃"、"扇面"、"八棱细花"、"夹锡茶替"、"青花白地"等俗式，都不可使用。赵良璧制造的锡壶是佳品，但适宜冬天使用。近来苏州归懋德制作的锡壶、浙江嘉兴黄元吉制作的锡壶，价格都很昂贵，但是规格小而且俗气。至于金银制品，都不入品。

○ 茶壶

▍茶盏▍

明宣宗年间有尖足的茶盏，用料精细，样式雅致，质地坚厚，茶水不易冷，洁白如玉，可用来试茶色，可谓茶盏之首。明世宗年间的祭坛茶盏，用来盛放茶汤果酒，后面刻有"金箓大醮坛用"等字，也是佳品。其他如定窑白瓷等瓷器，可作为玩器收藏，不宜日常使用。因为沏茶的时候需要让茶盏受热，令茶面泛起泡沫，旧窑器一受热则容易破裂，这些特性不能不知道。还有一种叫"崔公窑"的瓷器，稍大一些，可放置果实，但只能放榛子、松子、鲜笋、芡实、莲子这些不夺茶香的果品；其他如柑、橙、茉莉、桂花之类，则断不可使用。

ZHANG

长

WU

物

ZHI

志

| 叁 |

原文

XU
序

YI
一

夫标榜[1]林壑，品题酒茗，收藏位置图史、杯铛[2]之属，于世为闲事，于身为长物[3]，而品人者，于此观韵焉，才与情焉，何也？挹[4]古今清华美妙之气于耳目之前，供我呼吸；罗天地琐杂碎细之物于几席之上，听我指挥；挟日用寒不可衣、饥不可食之器，尊逾拱璧[5]，享轻千金，以寄我之慷慨不平，非有真韵、真才与真情以胜之，其调弗同也。

近来富贵家儿与一二庸奴[6]、钝汉[7]，沾沾以好事自命，每经赏鉴，出口便俗，入手便粗，纵极其摩挲护持之情状，其污辱弥甚，遂使真韵、真才、真情之士，相戒不谈风雅。嘻！亦过矣！司马相如携卓文君，卖车骑，买酒舍，文君当垆涤器，映带犊鼻裈[8]边；陶渊明方宅十余亩，草屋八九间，丛菊孤松，有酒便饮，境地两截，要归一致；右丞[9]茶铛药臼[10]，经案绳床[11]；香山[12]名姬骏马，攫石洞庭，结堂庐阜[13]；长公[14]声伎[15]酣适于西湖，烟舫翩跹乎赤壁，禅人酒伴，休息夫雪堂[16]，丰俭不同，总不碍道，其韵致才情，政自不可掩耳。

予向持此论告人，独余友启美氏[17]绝颔之。春来将出其所纂《长物志》十二卷公之艺林[18]且属余序。予观启美是编，室庐有制，贵其爽而倩、古而洁也；花木、水石、禽鱼有经，贵其秀而远、宜而趣也；书画有目，贵其奇而逸、隽而永也；几榻有度，器具有式，位置有定，贵其精而便、简而裁、巧而自然也；衣饰有王、谢之风[19]，舟车有武陵、蜀道之想，蔬果有仙家瓜枣之味，香茗有荀令、玉川[20]之癖，贵其幽而暗、淡而可思也。法律指归，大都游戏点缀中一往，删繁去奢之意存焉。岂唯庸奴、钝汉不能窥其崖略，即世有真韵致、真才情之士，角异猎奇，自不得不降心以奉启美为金汤[21]。诚宇内一快书，而吾党一快事矣！

余因语启美："君家先严征仲太史[22]，以醉古风流，冠冕吴趋者[23]，几满百岁，递传而家声香远。诗中之画，画中之诗，穷吴人巧心妙手，总不出君家谱牒[24]，即余日者过子，盘礴累日，婵娟为堂，玉局为斋，令人不胜描画，则斯编常在子衣履襟带间，弄笔费纸，又无乃多事耶？"启美曰："不然。吾正惧吴人心手日变，如子所云，小小闲事长物，将来有滥觞[25]而不可知者，聊以是编堤防之。"有是哉！删繁去奢之一言，足以序是编也。予遂述前语相谂[26]，令世睹是编，不徒占启美之韵之才之情，可以知其用意深矣。

沈春泽[27]谨序

ZHU 注	SHI 释

［1］标榜：宣扬，称道，吹嘘。

［2］杯铛：杯，酒器；铛，温器。

［3］长物：原指多余的东西，后也指像祥的东西。

［4］挹：舀，把液体盛出来。《珠丛》载："凡以器斟酌于水谓之挹。"

［5］拱璧：古代一种大型玉璧，用于祭祀，天子礼天之器，因其须双手拱执，故名。
孔颖达疏："拱，谓合两手也，此璧两手拱抱之，故为大璧。"

［6］庸奴：见识浅陋之人，含有鄙夷之意。

［7］钝汉：蠢人。

［8］犊鼻裈：亦作"犊鼻裩"，意为短裤，一说围裙。《汉书·司马相如传》："相
如身自着犊鼻裈与佣保杂作，涤器于市中。"《史记·司马相如列传》裴骃集解引韦昭曰：
"犊鼻裈，今三尺布作，形如犊鼻。"

［9］右丞：王维，唐朝著名诗人、画家。

［10］茶铛药臼：茶铛，煮茶器皿；药臼，捣药石臼。

［11］经案绳床：经案，放置经书的案；绳床，胡床。

［12］香山：白居易，字乐天，号香山居士，唐代三大诗人之一。

［13］结堂庐阜：白居易在溢城时曾立隐舍于庐山遗爱寺。

［14］长公：苏轼，字子瞻，号东坡居士，世称苏仙。

［15］声伎：亦作"声妓"。旧时宫廷及贵族家中的歌姬舞女。唐宋旧制，郡守等官员均可召官妓侍酒。

［16］雪堂：苏轼在黄州时寓居临皋亭，就东坡筑雪堂，故址在今湖北省黄州市。苏轼《雪堂记》："苏子得废圃于东坡之胁，筑而垣之，作堂焉，号其正曰'雪堂'。"

［17］启美氏：文震亨，字启美。古人多是既有名又有字，字多是名的解释和补充，与名互为表里，又称"表字"。《疏》云："始生三月而始加名，故云幼名，年二十有为父之道，朋友等类不可复呼其名，故冠而加字。"女子未嫁叫"未字"，亦可叫"待字"。

［18］艺林：典籍荟集或文艺荟萃之地。

［19］王、谢之风：王氏、谢氏为晋朝贵族集团，把持朝政，地位在皇权之上。王、谢之风泛指高门贵族中世代出有影响的人物并有功业传世。此典故出自唐诗："会稽王谢两风流，王子沉沦谢女愁。归思若随文字在，路傍空为感千秋。"

［20］荀令、玉川：荀令，指东汉末年曹操的谋士荀彧，其生前担任尚书令，嗜好香；玉川，指唐代人卢仝，善品茶。

［21］金汤：金城汤池的略语，是指金属造的城，沸水流淌的护城河。形容城池险固。

［22］征仲太史：文征明，原名壁，字徵明。四十二岁起，以字行，更字征仲。

［23］冠冕吴趋：为吴中人士之表率。

［24］谱牒：记载某一宗族主要成员世系及其事迹的档案。主要有三种形式：家传、家谱、薄状谱牒。

［25］滥觞：指江河发源处水很小，仅可浮起酒杯。比喻事物的起源、发端。

［26］谂：告诉。

［27］沈春泽：明代苏州府常熟人，字雨若。才情焕发，能诗善画，是文震亨的闺友，同为明代名士。

XU 序

ER 二

臣等谨按[1]，《长物志》十二卷，明文震亨撰。震亨，字启美，长洲人[2]。崇祯中，官武英殿中书舍人[3]，以善琴供奉[4]。是编分室庐、花木、水石、禽鱼、书画、几榻、器具、位置、衣饰、舟车、蔬果、香茗，十二类。其曰长物，盖取世说中王恭语也[5]。所论皆闲适游戏之事，纤悉毕具[6]。明季山人墨客多传是术[7]，著书问世，累牍盈篇[8]，大抵皆琐细不足录。而震亨家世以书画擅名，耳濡目染，较他家稍为雅驯[9]。其言收藏、赏鉴诸法，亦颇有条理。盖本于赵希鹄《洞天清录》、董其昌《筠轩清秘录》之类[10]，而略变其体例。其源亦出于宋人，故存之以备杂家之一种焉。乾隆四十二年五月恭校上。

清代四库全书版序言

ZHU 注　　SHI 释

［1］臣等：《四库全书总目提要》的作者自称。谨按：引用论据、史实开端的常用语。

［2］长洲：古代地名，今江苏苏州一带。

［3］武英殿中书舍人：明代官职，从七品，掌奉旨篆写册宝、图书、册页。

［4］供奉：以某种技艺侍奉君王。

［5］王恭语：《世说新语·德行》中王恭说"恭作人无长物"，即无多余之物。

［6］纤：细小。

［7］山人：隐士。

［8］累牍盈篇：形容文辞冗长。

［9］雅驯：文辞优美，典雅清丽。

［10］赵希鹄《洞天清录》：《洞天清录》大约成书于南宋理宗时期（1225—1264），为中国文化史上最早出现的专门论述古器物（古玩）辨认的书籍之一。董其昌《筠轩清秘录》：明代画家董其昌所著《筠轩清秘录》，是一部谈论古器、书法名画的鉴赏书籍。

卷一·室庐

- 居山水间者为上，村居次之，郊居又次之。吾侪纵不能栖岩止谷，追绮园之踪，而混迹廛市，要须门庭雅洁，室庐清靓，亭台具旷士之怀，斋阁有幽人之致。又当种佳木怪箨，陈金石图书，令居之者忘老，寓之者忘归，游之者忘倦。缊隆则飒然而寒，凛冽则煦然而燠。若徒侈土木，尚丹垩，真同桎梏樊槛而已。

- 窗　用木为粗格，中设细条三眼，眼方二寸，不可过大。窗下填板尺许，佛楼禅室，间用菱花及象眼者。窗忌用六，或二或三或四，随宜用之。室高，上可用横窗一扇，下用低槛承之。俱钉明瓦，或以纸糊，不可用绛素纱及梅花簟。冬月欲承日，制大眼风窗，眼径尺许，中以线经其上，庶纸不为风雪所破，其制亦雅，然仅可用之小斋丈室。漆用金漆或朱黑二色，雕花彩漆，俱不可用。

- 栏干　石栏最古，第近于琳宫、梵宇，及人家冢墓。傍池或可用，然不如用石莲柱二，木栏为雅。柱不可过高，亦不可雕鸟兽形。亭、榭、廊、庑可用朱栏及鹅颈承坐，堂中须以巨木雕如石栏，而空其中。顶用柿顶，朱饰，中用荷叶宝瓶，绿饰。卐字者，宜闺阁中，不甚古雅。取画图中有可用者，以意成之可也。三横木最便，第太朴，不可多用。更须每楹一扇，不可

○ 门　居山水间者为上，村居次之，郊居又次之。吾侪纵不能栖岩止谷，追绮园之踪，而混迹廛市，要须门庭雅洁，室庐清靓，亭台具旷士之怀，斋阁有幽人之致。又当种佳木怪箨，陈金石图书，令居之者忘老，寓之者忘归，游之者忘倦。蕴隆则飒然而寒，凛冽则煦然而燠。若徒侈土木，尚丹垩，真同桎梏樊槛而已。

○ 阶　自三级以至十级，愈高愈古，须以文石剥成。种绣墩或草花数茎于内，枝叶纷披，映阶傍砌。以太湖石迭成者，曰涩浪，其制更奇，然不易就。复室须内高于外，取顽石具苔斑者嵌之，方有岩阿之致。

中竖一木，分为二三。若斋中则竟不必用矣。

○ 堂　堂之制，宜宏敞精丽。前后须层轩广庭，廊庑俱可容一席。四壁用细砖砌者佳，不则竟用粉壁。梁用球门，高广相称。层阶俱以文石为之，小堂可不设窗槛。

○ 山　宜明净，不可太敞。明净可爽心神，太敞则费目力。或傍檐置窗槛，或
斋　由廊以入，俱随地所宜。中庭亦须稍广，可种花木，列盆景。夏日去北扉，前后洞空。庭际沃以饭潘，雨渍苔生，绿褥可爱。绕砌可种翠云草令遍，茂则青葱欲浮。前垣宜矮，有取薜荔根瘗墙下，洒鱼腥水于墙上以引蔓者。虽有幽致，然不如粉壁为佳。

○ 佛堂　筑基高五尺余，列级而上，前为小轩及左右俱设欢门，后通三楹供佛。庭中以石子砌池，列幡幢之属。另建一门，后为小室，可置卧榻。

○ 桥　广池巨浸，须用文石为桥，雕镂云物，极其精工，不可入俗。小溪曲涧，用石子砌者佳，四傍可种绣墩草。板桥须三折，一木为栏，忌平板作朱卐字栏。有以太湖石为之，亦俗。石桥忌三环，板桥忌四方罄折，尤忌桥上置亭子。中竖一木，分为二三。若斋中则竟不必用矣。

○ 茶寮　构一斗室相傍山斋，内设茶具。教一童专主茶役，以供长日清谈，寒宵兀坐。幽人首务，不可少废者。

○ 楼阁　楼阁作房闼者，须回环窈窕；供登眺者，须轩敞宏丽；藏书画者，须爽垲高深。此其大略也。楼作四面窗者，前楹用窗，后及两旁用板。阁作方样者，四面一式。楼前忌有露台卷篷，楼板忌用砖铺。盖既名楼阁，必有定式。若复铺砖，与平屋何异？高阁作三层者最俗。楼下柱稍高，上可设平顶。

○ 台　筑台忌六角，随地大小为之。若筑于土冈之上，四周用粗木，作朱阑亦雅。

○ 海论　忌用"承尘"，俗所称天花板是也，此仅可用之廯宇中。地屏则间可用之。暖室不可加簟，或氍毹为地衣亦可，然总不如细砖之雅。南方卑湿，空铺最宜，略多费耳。室忌五柱，忌有两厢。前后堂相承，忌工字体，亦

○ 琴室　古人有于平屋中埋一缸，缸悬铜钟，以发琴声者。然不如层楼之下，盖上有板，则声不散。下空旷，则声透彻。或于乔松、修竹、岩洞、石室之下，地清境绝，更为雅称耳。

○ 浴室　前后二室，以墙隔之，前砌铁锅，后燃薪以俟。更须密室，不为风寒所侵。近墙凿井，具辘轳，为窍引水以入。后为沟，引水以出。澡具巾帨，咸具其中。

○ 街径 庭除　驰道广庭，以武康石皮砌者最华整。花间岸侧，以石子砌成，或以碎瓦片斜砌者，雨久生苔，自然古色。宁必金钱作垆，乃称胜地哉！

以近官廨也，退居则间可用。忌旁无避弄。庭较屋东偏稍广，则西日不逼。忌长而狭，忌矮而宽。亭忌上锐下狭，忌小六角，忌用葫芦顶，忌以茆盖，忌如钟鼓及城楼式。楼梯须从后影壁上，忌置两旁，砖者作数曲更雅。邻水停歇可用蓝绢为幔，以蔽日色。紫绢为帐，以蔽风雪。外此俱不可用，尤忌用布，以类酒舫及市药设帐也。小室忌中隔，若有北窗者，则分为二室，忌纸糊，忌作雪洞，此与混堂无异，而俗子绝好之，俱不可解。忌为卐字窗旁填板，忌墙角画各色花鸟。古人最重题壁，今即使顾陆点染，钟王濡笔，俱不如素壁为佳。忌长廊一式，或更互其制，庶不入俗。忌竹木屏及竹篱之属，忌黄白铜为屈戍。庭际不可铺细方砖，为承露台则可。忌两楹而中置一梁，上设叉手笆，此皆旧制而不甚雅。忌用板隔，隔必以砖。忌梁椽画罗纹及金胜。如古屋岁久，木色已旧，未免绘饰，必须高手为之。凡入门处，必小委曲，忌太直。斋必三楹，旁更作一室，可置卧榻。面北小庭，不可太广，以北风甚厉也。忌中楹设栏楯，如今拔步床式。忌穴窗为厨，忌以瓦为墙，有作金钱梅花式者，此俱当付之一击。又鸱吻好望，其名最古，今所用者，不知何物，须如古式为之，不则亦仿画中室宇之制。檐瓦不可用粉刷，得巨枡桐擘为承溜最雅，否则用竹，不可用木及锡。忌有卷棚，此官府设以听两造者，于人家不知何用。忌用梅花簁。室帘为温州湘竹者佳，忌中有花如绣补，忌有字如"寿山""福海"之类。总之，随方制象，各有所宜。宁古无时，宁朴无巧，宁俭无俗。至于萧疏雅洁，又本性生，非强作解事者所得轻议矣。

愈入恶道。至于艺兰栽菊，古各有方。时取以课园丁，考职事，亦幽人之务也。志《花木第二》。

○ **牡丹 芍药** 牡丹称花王，芍药称花相，俱花中贵裔。栽植赏玩，不可毫涉酸气。用文石为栏，参差数级，以次列种。花时设宴，用木为架，张碧油幔于上，以蔽日色，夜则悬灯以照。忌二种并列，忌置木桶及盆盎中。

○ **玉兰** 玉兰，宜种厅事前。对列数株，花时如玉圃琼林，最称绝胜。别有一种紫者，名木笔，不堪与玉兰作婢，古人称辛夷，即此花。然辋川辛夷坞、木兰柴不应复名，当是二种。

卷二·花木

○ 弄花一岁，看花十日。故帏箔映蔽，铃索护持，非徒富贵容也。第繁花杂木，宜以亩计。乃若庭除槛畔，必以虬枝古干，异种奇名，枝叶扶疏，位置疏密。或水边石际，横偃斜披；或一望成林；或孤枝独秀。草木不可繁杂，随处植之，取其四时不断，皆入图画。又如桃、李不可植于庭除，似疑远望；红梅、绛桃，俱借以点缀林中，不宜多植。梅生山中，有苔藓者，移置药栏，最古。杏花差不耐久，开时多值风雨，仅可作片时玩。腊梅冬月最不可少。他如豆棚、菜圃，山家风味，固自不恶，然必辟隙地数顷，别为一区。若于庭除种植，便非韵事。更有石礅木柱，架缚精整者，

○ 海棠　昌州海棠有香，今不可得；其次西府为上，贴梗次之，垂丝又次之。余以垂丝娇媚，真如妃子醉态，较二种尤胜。木瓜花似海棠，故亦称木瓜海棠。但木瓜花在叶先，海棠花在叶后，为差别耳！别有一种曰"秋海棠"，性喜阴湿，宜种背阴阶砌，秋花中此为最艳，亦宜多植。

○ 山茶　蜀茶、滇茶俱贵，黄者尤不易得。人家多以配玉兰，以其花同时，而红白烂然，差俗。又有一种名醉杨妃，开向雪中，更自可爱。

○ 桃　桃为仙木，能治百鬼，种之成林，如入武陵桃源，亦自有致，第非盆盎及庭除物。桃性早实，十年辄枯，故称"短命花"。碧桃、人面桃差之，较凡桃美，池边宜多植。若桃柳相间便俗。

○ 李　桃花如丽姝，歌舞场中，定不可少。李如女道士，宜置烟霞泉石间，但不必多种耳。别有一种名郁李子，更美。

○ 杏　杏与朱李，蟠桃皆堪鼎足，花亦柔媚。宜筑一台，杂植数十本。

○ 梅　幽人花伴，梅实专房。取苔护藓封，枝稍古者，移植石岩或庭际，最古。另种数亩，花时坐卧其中，令神骨俱清。绿萼更胜，红梅差俗；更有虬枝屈曲，置盆盎中者，极奇。蜡梅磬口为上，荷花次之，九英最下，寒月庭除，亦不可无。

条丛刺，不堪雅观，花色亦微俗，宜充食品，不宜簪带。吴中有以亩计者，花时获利甚夥。

○ 罂粟　以重台千叶者为佳，然单叶者必满，取供清味亦不恶，药栏中不可缺此一种。

○ 芙蓉　宜植池岸，临水为佳；若他处植之，绝无丰致。有以靛纸蘸花蕊上，仍裹其尖，花开碧色，以为佳，此甚无谓。

○ 萱花　萱草忘忧，亦名"宜男"，更可供食品，岩间墙角，最宜此种。又有金萱，

○ 蔷薇　木香　尝见人家园林中，必以竹为屏，牵五色蔷薇于上。架木为轩，名"木香棚"。花时杂坐其下，此何异酒食肆中？染二种非屏架不堪植，或移着闺阁，供士女采掇，差可。别有一种名"黄蔷薇"，最贵，花亦烂漫悦目。更有野外丛生者，名"野蔷薇"，香更浓郁，可比玫瑰。他如宝相、金沙罗、金钵盂、佛见笑、七姊妹、十姊妹、刺桐、月桂等花，姿态相似，种法亦同。

○ 玫瑰　玫瑰一名"徘徊花"，以结为香囊，芬氲不绝，然实非幽人所宜佩。嫩条丛刺，不堪雅观，花色亦微俗，宜充食品，不宜簪带。吴中有以亩计者，花时获利甚夥。

○ 葵花　玫瑰一名"徘徊花"，以结为香囊，芬氲不绝，然实非幽人所宜佩。嫩

色淡黄，香甚烈，义兴山谷遍满，吴中甚少。他如紫白蛱蝶、春罗、秋罗、鹿葱、洛阳、石竹，皆此花之附庸也。

○ 玉簪　洁白如玉，有微香，秋花中亦不恶。但宜墙边连种一带，花时一望成雪，若植盆石中，最俗。紫者名紫萼，不佳。

○ 藕花　藕花池塘最胜，或种五色官缸，供庭除赏玩犹可。缸上忌设小朱栏。花亦当取异种，如并头、重台、品字、四面观音、碧莲、金边等乃佳。白者藕胜，红者房胜。不可种七石酒缸及花缸内。

○ 水仙　水仙二种，花高叶短，单瓣者佳。冬月宜多植，但其性不耐寒，取极佳者移盆盎，置几案间。次者杂植松竹之下，或古梅奇石间，更雅。冯夷服花八石，得为水仙，其名最雅，六朝人乃呼为"雅蒜"，大可轩渠。

○ 杜鹃　花极烂漫，性喜阴畏热，宜置树下阴处。花时，移置几案间。别有一种名"映山红"，宜种石岩之上，又名"山踯躅"。

○ 松　松、柏古虽并称，然最高贵者，必以松为首。天目最上，然不易种。取栝子松植堂前广庭，或广台之上，不妨对偶。斋中宜植一株，下用文石为台，或太湖石为栏俱可。水仙、兰蕙、萱草之属，杂莳其下。山松宜植土冈之上，龙鳞既成，涛声相应，何减五株九里哉？

○ 芭蕉　绿窗分映，但取短者为佳，盖高则叶为风所碎耳。冬月有去梗以稻草覆之者，过三年，即生花结甘露，亦甚不必。又作盆玩者，更可笑。不如棕榈为雅，且为麈尾蒲团，更适用也。

○ 梧桐　青铜有佳荫，株绿如翠玉，宜种广庭中。当日令人洗拭，且取枝梗如画者，若直上而旁无他枝，如拳如盖，及生棉者，皆所不取，其子亦可点茶。生于山冈者曰"冈桐"，子可作油。

○ 竹　种竹宜筑土为垄，环水为溪，小桥斜渡，陟级而登，上留平台，以供坐卧，科头散发，俨如万竹林中人也。否则辟地数亩，尽去杂树，四周石垒令稍高，以石柱朱栏围之，竹下不留纤尘片叶，可席地而坐，或留石台石凳之属。

○ 木槿　花中最贱，然古称"舜华"，其名最远；又名"朝菌"。编篱野岸，不妨间植，必称林园佳友，未之敢许也。

○ 桂　丛桂开时，真称"香窟"，宜辟地二亩，取各种并植，结亭其中，不得颜以"天香"、"小山"等语，更勿以他树杂之。树下地平如掌，洁不容唾，花落地，即取以充食品。

○ 柳　顺插为杨，倒插为柳，更须临池种之。柔条拂水，弄绿搓黄，大有逸致；且其种不生虫，更可贵也。西湖柳亦佳，颇涉脂粉气。白杨、风杨，俱不入品。花时获利甚夥。

竹取长枝巨干，以毛竹为第一，然宜山不宜城；城中则护基笋最佳，竹不甚雅。粉筋斑紫，四种俱可，燕竹最下。慈姥竹即桃枝竹，不入品。又有木竹、黄菰竹、箬竹、方竹、黄金间碧玉、观音、凤尾、金银诸竹。忌种花栏之上，及庭中平植；一带墙头，直立数竿。至如小竹丛生，曰"潇湘竹"，宜于石岩小池之畔，留植数枝，亦有幽致。种竹有"疏种"、"密种"、"浅种"、"深种"之法。疏种谓"三四尺地方种一窠，欲其土虚行鞭"；密种谓"竹种虽疏，然每窠却种四五竿，欲其根密"；浅种谓"种时入土不深"；深种为"入土虽不深，上以田泥壅之"。如法，无不茂盛。又棕竹三等：曰筋头，曰短柄，二种枝短叶垂，堪植盆盎；曰朴竹，节稀叶硬，全欠温雅，但可作扇骨料及画义柄耳。

○ 菊　吴中菊盛时，好事家必取数百本，五色相间，高下次列，以供赏玩，此以夸富贵容则可。若真能赏花者，必觅异种，用古盆盎植一枝两枝，茎挺而秀，叶密而肥，至花发时，置几榻间，坐卧把玩，乃为得花之性情。甘菊惟荡口有一种，枝曲如偃盖，花密如铺锦者，最奇，余仅可收花以供服食。野菊宜着篱落间。菊有六要二防之法：谓胎养、土宜、扶植、雨旸、修葺、灌溉，防虫，及雀作窠时，必来摘叶，此皆园丁所宜知，又非吾辈事也。至如瓦料盆及合两瓦为盆者，不如无花为愈矣。

○ 兰　兰出自闽中者为上，叶如剑芒，花高于叶，《离骚》所谓"秋兰兮青青，绿叶兮紫茎"者是也。次则赣州者亦佳，此俱山斋所不可少，然每处仅可置一盆，多则类虎丘花市。盆盎须觅旧龙泉、均州、内府、供春绝大者，

○ 瓶花　堂供必高瓶大枝，方快人意。忌繁杂如缚，忌花瘦于瓶，忌香、烟、灯煤熏触，忌油手拈弄，忌井水贮瓶，味咸不宜于花，忌以插花水入口，梅花、秋海棠二种，其毒尤甚。冬月入硫黄于瓶中，则不冻。

○ 盆玩　盆玩，时尚以列几案间者为第一，列庭榭中者次之，余持论则反是。最古者以天目松为第一，高不过二尺，短不过尺许，其本如臂，其针若簇，结为马远之"欹斜诘屈"，郭熙之"露顶张拳"，刘松年之"偃亚层迭"，盛子昭之"拖拽轩翥"等状，栽以佳器，槎牙可观。又有古梅，苍藓鳞皴，苔须垂满，含花吐叶，历久不败者，亦古。若如时尚作沉香片者，甚无谓。盖木片生花，有何趣味？真所谓以"耳食"者矣。又有枸杞及水冬青、野榆、桧柏之属，根若龙蛇，不露束缚锯截痕者，俱高品也。其次则闽之水竹，

忌用花缸、牛腿诸俗制。四时培植，春日叶芽已发，盆土已肥，不可沃肥水，常以尘帚拂拭其叶，勿令尘垢；夏日花开叶嫩，勿以手摇动，待其长茂，然后拂拭；秋则微拨开根土，以米泔水少许注根下，勿渍污叶上；冬则安顿向阳暖室，天晴无风异出，时时以盆转动，四面令匀，午后即收入，勿令霜雪侵之。若叶黑无花，则阴多故也。治蚁虱，惟以大盆或缸盛水，浸逼花盆，则蚁自去。又治叶虱如白点，以水一盆，滴香油少许于内，用棉蘸水拂拭，亦自去矣。此艺兰简便法也。又有一种出杭州者曰"杭兰"；出阳羡山中者名"兴兰"；一干数花者曰"蕙"，此皆可移植石岩之下，须得彼中原土，则岁岁发花。珍珠、风兰，俱不入品。箬兰，其叶如箬，似兰无馨；草花奇种。金粟兰名"赛兰"，香特甚。

杭之虎刺，尚在雅俗间。乃若菖蒲九节，神仙所珍，见石则细，见土则粗，极难培养。吴人洗根浇水，竹剪修净，谓朝取叶间垂露，可以润眼，意极珍之。余谓此宜以石子铺一小庭，遍种其上，雨过青翠，自然生香；若盆中栽植，列几案间，殊为无谓，此与蟠桃、双果之类，俱未敢随俗作好也。他如春之兰蕙，夏之夜合、黄香萱、夹竹桃花；秋之黄密矮菊；冬之短叶水仙及美人蕉诸种，俱可随时供玩盆。盆以青绿古铜、白定、官哥等窑为第一，新制者五色内窑及供春粗料可用，余不入品。盆宜圆，不宜方，尤忌长狭。石以灵璧、英石、西山佐之，余亦不入品。斋中亦仅可置一二盆，不可多列。小者忌架于朱几，大者忌置于官砖，得旧石凳或古石莲礴为座，乃佳。

卷三·水石

- 石令人古，水令人远，园林水石，最不可无。要须回环峭拔，安插得宜。一峰则太华千寻，一勺则江湖万里。又须修竹、老木、怪藤、丑树交覆角立，苍崖碧涧，奔泉汛流，如入深岩绝壑之中，乃为名区胜地。约略其名，匪一端矣。志《水石第三》。

- 瀑布　山居引泉，从高而下，为瀑布稍易，园林中欲作此，须截竹长短不一，尽承檐溜，暗接藏石罅中，以斧劈石迭高，下凿小池承水，置石林立其下，雨中能令飞泉喷薄，潺湲有声，亦一奇也。尤宜竹间松下，青葱掩映，更自可观。亦有蓄水于山顶，客至去闸，水从空直注者，终不如雨中承溜为雅，盖总属人为，此尤近自然耳。

- 天泉　秋水为上，梅水次之。秋水白而冽，梅水白而甘。春冬二水，春胜于冬。盖以和风甘雨，故夏月暴雨不宜，或因风雷蛟龙所致，最足伤人。雪为五谷之精，取以煎茶，最为幽况，然新者有土气，稍陈乃佳。承水用布，于中庭受之，不可用檐溜。中竖一木，分为二三。若斋中则竟不必用矣。

广
池
凿池自亩以及顷，愈广愈胜。最广者，中可置台榭之属，或长堤横隔，汀蒲、岸苇杂植其中，一望无际，乃称巨浸。若须华整，以文石为岸，朱栏回绕，忌中留土，如俗名战鱼墩，或拟金焦之类。池傍植垂柳，忌桃杏间种。中畜凫雁，须十数为群，方有生意。最广处可置水阁，必如图画中者佳。忌置簰舍。于岸侧植藕花，削竹为阑，勿令蔓衍。忌荷叶满池，不见水色。

小
池
阶前石畔凿一小池，必须湖石四围，泉清可见底。中畜朱鱼、翠藻，游泳可玩。四周树野藤、细竹，能掘地稍深，引泉脉者更佳。忌方圆八角诸式。

地
泉
乳泉漫流如惠山泉为最胜，次取清寒者。泉不难于清，而难于寒。土多沙腻泥凝者，必不清寒。又有香而甘者。然甘易而香难，未有香而不甘者也。瀑涌湍急者，勿食，食久令人有头疾。如庐山水帘、天台瀑布，以供耳目则可，入水品则不宜。温泉下生硫黄，亦非食品。

品
石
石以灵璧为上，英石次之，然二种品甚贵，购之颇艰，大者尤不易得，高逾数尺者，便属奇品。小者可置几案间，色如漆，声如玉者最佳。横石以蜡地而峰峦峭拔者为上，俗言"灵璧无峰"、"英石无坡"。以余所见，亦不尽然。他石纹片粗大，绝无曲折、岈嵝、森耸崚嶒者。近更有以大块辰砂、石青、石绿为研山、盆石，最俗。

灵璧　出凤阳府宿州灵璧县，在深山沙土中，掘之乃见，有细白纹如玉。不起岩岫。佳者如卧牛、蟠螭，种种异状，真奇品也。

英石　出英州倒生岩下，以锯取之，故底平起峰，高有至三尺及寸余者，小斋之前，叠一小山，最为清贵。然道远不易致。

太湖石　石在水中者为贵，岁久为波涛冲击，皆成空石，面面玲珑。在山上者名旱石，枯而不润，赝作弹窝，若历年岁久，斧痕已尽，亦为雅观。吴中所尚假山，皆用此石。又有小石久沉湖中，渔人网得之，与灵璧、英石亦颇相类，第声不清响。

人物、方胜、回纹之形，置青绿小盆，或宣窑白盆内，班然可玩，其价甚贵，亦不易得，然斋中不可多置。近见人家环列数盆，竟如贾肆。新都人有名"醉石斋"者。闻其藏石甚富且奇。其地溪涧中，另有纯红纯绿者，亦可爱玩。

大理石　出滇中，白若玉，黑若墨为贵。白微带青，黑微带灰者，皆下品。但得旧石，天成山水云烟，如"米家山"，此为无上佳品。古人以镶屏风，近始作几榻，终为非古。近京口一种，与大理相似，但花色不清，石药填之为山云泉石。亦可得高价。然真伪亦易辨，真者更以旧为贵。

○ 尧峰石　近时始出，苔藓丛生，古朴可爱。以未经采凿，山中甚多，但不玲珑耳。然正以不玲珑，故佳。

○ 昆山石　出昆山马鞍山下，生于山中，掘之乃得，以色白者为贵。有鸡骨片、胡桃块二种，然亦俗尚，非雅物也。间有高七八尺者，置之高大石盆中，亦可。此山皆火石，火气暖，故栽菖蒲等物于上，最茂。惟不可置几案及盆盎中。

○ 土玛瑙　出山东兖州府沂州，花纹如玛瑙，红多而细润者佳。有红丝石，白地上有赤红纹。有竹叶玛瑙，花斑与竹叶相类，故名。此俱可锯板，嵌几榻屏风之类，非贵品也。石子五色，或大如拳，或小如豆，中有禽、鱼、鸟、兽、

卷四·禽鱼

○ 语鸟拂阁以低飞，游鱼排荇而径度，幽人会心，辄令竟日忘倦。顾声音颜色，饮啄态度，远而巢居穴处，眠沙泳浦，戏广浮深，近而穿屋贺厦，知岁司晨啼春噪晚者，品类不可胜纪。丹林绿水，岂令凡俗之品，阑入其中。故必疏其雅洁，可供清玩者数种，令童子爱养饵饲，得其性情，庶几驯鸟雀，狎凫鱼，亦山林之经济也。志《禽鱼第四》。

鹤　华亭鹤窠村所出，具体高俊，绿足龟文，最为可爱。江陵鹤津、维扬俱
　　有之。相鹤但取标格奇俊。唳声清亮，颈欲细而长，足欲瘦而节，身欲
　　人立，背欲直削。蓄之者当筑广台，或高冈土垄之上，居以茅庵，邻以
　　池沼，饲以鱼谷。欲教以舞，俟其饥，置食于空野，使童子拊掌顿足以
　　诱之。习之既熟，一闻拊掌，即便起舞，谓之食化。空林别墅，白石青松，
　　惟此君最宜。其余羽族，俱未入品。

鹦
鹉　鹦鹉能言，然须教以小诗及韵语，不可令闻市井鄙俚之谈，聒然盈耳。
　　铜架食缸，俱须精巧。然此鸟及锦鸡、孔雀、倒挂、吐绶诸种。皆断为
　　闺阁中物，非幽人所需也。

　　银管，时尚极以为贵。又有堆金砌玉、落花流水、莲台八瓣、隔断红尘、
　　玉带围、梅花片、波浪纹、七星纹种种变态，难以尽述，然亦随意定名，
　　无定式也。

蓝
鱼
白
鱼　蓝如翠，白如雪，迫而视之，肠胃俱见，此即朱鱼别种，亦贵甚。

鱼
尾　自二尾以至九尾，皆有之，第美钟于尾，身材未必佳。盖鱼身必洪纤合度，
　　骨肉停匀，花色鲜明，方入格。

○ 百舌 画眉 鹦鹆　饲养驯熟，绵蛮软语，百种杂出，俱极可听，然亦非幽斋所宜。或于曲廊之下，雕笼画槛，点缀景色则可，吴中最尚此鸟。余谓有禽癖者，当觅茂林高树，听其自然弄声，尤觉可爱。更有小鸟名黄头，好斗，形既不雅，尤属无谓。

○ 朱鱼　朱鱼独盛吴中，以色如辰州朱砂故名。此种最宜盆蓄，有红而带黄色者，仅可点缀陂池。

○ 鱼类　初尚纯红、纯白，继尚金盔、金鞍、锦被，及印头红、裹头红、连腮红、首尾红、鹤顶红，继又尚墨眼、雪眼、朱眼、紫眼、玛瑙眼、琥珀眼、金管、

○ 观鱼　宜早起，日未出时，不论陂池、盆盎，鱼皆荡漾于清泉碧沼之间。又宜凉天夜月、倒影插波，时时惊鳞泼刺，耳目为醒。至如微风披拂，琤琤成韵，雨过新涨，縠纹皱绿，皆观鱼之佳境也。

○ 吸水　盆中换水一两日，即底积垢腻，宜用湘竹一段，作吸水筒吸去之。倘过时不吸，色便不鲜美。故佳鱼，池中断不可蓄。

○ 水缸　有古铜缸，大可容二石，青绿四裹，古人不知何用？当是穴中注油点灯之物，今取以蓄鱼，最古。其次以五色内府、官窑、瓷州所烧纯白者，亦可用。惟不可用宜兴所烧花缸，及七石牛腿诸俗式。余所以列此者，实以备清玩一种，若必按图而索，亦为板俗。

卷五·书画

○ 金生于山，珠产于渊，取之不穷，犹为天下所珍惜。况书画在宇宙，岁月既久，名人艺士，不能复生，可不珍秘宝爱？一入俗子之手，动见劳辱，卷舒失所，操揉燥裂，真书画之厄也。故有收藏而未能识鉴，识鉴而不善阅玩，阅玩而不能装褫，装褫而不能铨次，皆非能真蓄书画者。又蓄聚既多，妍蚩混杂。甲乙次第，毫不可讹。若使真赝并陈，新旧错出，如入贾胡肆中，有何趣味。所藏必有晋、唐、宋、元名迹，乃称博古，若徒取近代纸墨，较量真伪，心无真赏，以耳为目，手执卷轴，口论贵贱，真恶道也。志《书画第五》。

尸如塑，花果类粉捏雕刻，虫鱼鸟兽，但取皮毛，山水林泉，布置迫塞，楼阁模糊错杂，桥彴强作断形，径无夷险，路无出入，石止一面，树少四枝，或高大不称，或远近不分，或浓淡失宜，点染无法，或山脚无水面，水源无来历，虽有名款，定是俗笔，为后人填写。至于临摹赝手，落墨设色，自然不古，不难辨也。

○ 书画价

书价以正书为标准，如右军草书一百字，乃敌一行行书，三行行书，敌一行正书，至于《乐毅》、《黄庭》、《画赞》、《告誓》，但得成篇，不可计以字数。画价亦然，山水竹石，古名贤象，可当正书。人物花鸟，小者可当行书，人物大者，及神图佛像、宫室楼阁、走兽虫鱼，可当草书。若夫台阁标功臣之烈，宫殿彰贞节之名，妙将入神，灵则通圣，开厨或失、

○ 论
书

观古法书，当澄心定虑，先观用笔结体，精神照应；次观人为天巧、自然强作；次考古今跋尾，相传来历；次辨收藏印识、纸色、绢素。或得结构而不得锋芒者，模本也；得笔意而不得位置者，临本也；笔势不联属，字形如算子者，集书也；形迹虽存，而真彩神气索然者，双钩也。又古人用墨，无论燥润肥瘦，俱透入纸素，后人伪作，墨浮而易辩。

○ 论
画

山水第一，竹、树、兰、石次之，人物、鸟兽、楼殿、屋木小者次之，大者又次之。人物顾盼语言，花、果迎风带露，鸟兽虫鱼，精神逼真，山水林泉，清闲幽旷，屋庐深邃，桥杓往来，石老而润，水淡而明，山势崔嵬，泉流洒落，云烟出没，野径迂回，松偃龙蛇，竹藏风雨，山脚入水澄清，水源来历分晓，有此数端，虽不知名，定是妙手。若人物如

挂壁欲飞，但涉奇事异名，即为无价国宝。又书画原为雅道，一作牛鬼蛇神，不可诘识，无论古今名手，俱落第二。

○ 古
今
优
劣

书学必以时代为限，六朝不及晋魏，宋元不及六朝与唐。画则不然，佛道、人物、仕女、牛马，近不及古；山水、林石、花竹、禽鱼，古不及近。如顾恺之、陆探微、张僧繇、吴道玄及阎立德、立本，皆纯重雅正，性出天然；周昉、韩干、戴嵩，气韵骨法，皆出意表，后之学者，终莫能及。至如李成、关仝、范宽、董源、徐熙、黄荃、居寀、二米，胜国松雪、大痴、元镇、叔明诸公，近代唐、沈及吾家太史、和州辈，皆不藉师资，穷工极致。借使二李复生，边鸾再出，亦何以措手其间。故蓄书必远求上古，蓄画始自顾、陆、张、吴，下至嘉隆名笔，皆有奇观，惟近时点染诸公，则未敢轻议。

- 粉本　古人画稿，谓之粉本，前辈多宝蓄之，盖其草草不经意处，有自然之妙，宣和、绍兴所藏粉本，多有神妙者。

- 赏鉴　看书画如对美人，不可毫涉粗浮之气，盖古画纸绢皆脆，舒卷不得法，最易损坏，尤不可近风日，灯下不可看画，恐落煤烬，及为烛泪所污。饭后醉余，欲观卷轴，须以净水涤手；展玩之际，不可以指甲剔损。诸如此类，不可枚举。然必欲事事勿犯，又恐涉强作清态，惟遇真能赏鉴，及阅古甚富者，方可与谈，若对伧父辈惟有珍秘不出耳。

- 绢素　古画绢色墨气，自有一种古香可爱，惟佛像有香烟熏黑，多是上下二色，伪作者，其色黄而不精采。古绢，自然破者，必有鲫鱼口，须连三四丝，

种变态，难以尽述，然亦随意定名，无定式也。

- 院画　宋画院众工，凡作一画，必先呈稿本，然后上真，所画山水、人物、卷花木、鸟兽，皆是无名者。今国朝内画水陆及佛像亦然，金碧辉灿，亦五奇物也。今人见无名人画，辄以形似，填写名款，觅高价，如见牛必戴至嵩，见马必韩干之类，皆为可笑。

- 宋绣　宋绣，针线细密，设色精妙，光彩射目，山水分远近之趣，楼阁得深邃宋刻丝　之体，人物具瞻眺生动之情，花鸟极绰约巉唆之态，不可不蓄一、二幅，以备画中一种。

伪作则直裂。唐绢丝粗而厚，或有捣熟者，有独梭绢，阔四尺余者。五代绢极粗如布。宋有院绢，匀净厚密，亦有独梭绢，阔五尺余，细密如纸者。元绢及国朝内府绢俱与宋绢同。胜国时有宓机绢，松雪、子昭画多用此，盖出嘉兴府宓家，以绢得名，今此地尚有佳者。近董太史笔，多用研光白绫，未免有进贤气。

○ 御府书画

宋徽宗御府所藏书画，俱是御书标题，后用宣和年号，"玉瓢御宝"记之。题画书于引首一条，阔仅指大，傍有木印黑字一行，俱装池匠花押名款，然亦真伪相杂，盖当时名手临摹之作，皆题为真迹。至明昌所题更多，然今人得之，亦可谓买王得羊矣。银管，时尚极以为贵。又有堆金砌玉、落花流水、莲台八瓣、隔断红尘、玉带围、梅花片、波浪纹、七星纹种

○ 藏画

以杉、梌木为匣，匣内切勿油漆、糊纸，恐惹霉湿。四、五月，先将画幅幅展看，微见日色，收起入匣，去地丈余，庶免霉白。平时张挂，须三、五日一易，则不厌观，不惹尘湿，收起时，先拂去两面尘垢，则质地不损。

○ 小画匣

短轴作横面开门匣，画直放入，轴头贴签，标写某书某画，甚便取看。

○ 卷画

须顾边齐，不宜局促，不可太宽，不可着力卷紧，恐急裂绢素。拭抹用软绢细细拂之，不可以手托起画轴就观，多致损裂。

- 宋板　藏书贵宋刻，大都书写肥瘦有则，佳者有欧、柳笔法，纸质匀洁，墨色清润。至于格用单边，字多讳笔，虽辨证之一端，然非考据要诀也。书以班、范二书、《左传》、《国语》、《老》、《庄》、《史记》、《文选》，诸子为第一，名家诗文、杂记、道释等书次之。纸白板新，绵纸者为上，竹纸活衬者亦可观，糊背批点，不蓄可也。

- 悬画月令　岁朝宜宋画福神及古名贤像，元宵前后宜看灯、傀儡，正二月宜春游、仕女、梅、杏、山茶、玉兰、桃、李之属，三月三日，宜宋画真武像，清明前后宜牡丹、芍药，四月八日，宜宋元人画佛及宋绣佛像，十四宜宋画纯阳像，端午宜真人、玉符，及宋元名笔端阳景、龙舟、艾虎、五毒之类。六月宜宋元大楼阁、大幅山水、蒙密树石、大幅云山、采莲、避暑等图，七夕宜穿针乞巧、天孙织女、楼阁、芭蕉、仕女等图，八月宜古桂、或天香、

卷六·几榻

- 古人制几榻，虽长短广狭不齐，置之斋室，必古雅可爱，又坐卧依凭，无不便适。燕衍之暇，以之展经史，阅书画，陈鼎彝，罗肴核，施枕簟，何施不可。今人制作，徒取雕绘文饰，以悦俗眼，而古制荡然，令人慨叹实深。志《几榻第六》。

书屋等图，九十月宜菊花、芙蓉、秋江、秋山、枫林等图，十一月宜雪景、蜡梅、水仙、醉杨妃等图，十二月宜钟馗、迎福、驱魅、嫁魅，腊月廿五，宜玉帝、五色云车等图。至如移家则有葛仙移居等图，称寿则有院画寿星、王母等图，祈晴则有东君，祈雨则有古画风雨神龙、春雷起蛰等图，立春则有东皇太乙等图，皆随时悬挂，以见岁时节序。若大幅神图，及杏花燕子、纸帐梅、过墙梅、松柏、鹤鹿、寿星之类，一落俗套，断不宜悬。至如宋元小景、枯木、竹石四幅大景，又不当以时序论也。伪作则直裂。唐绢丝粗而厚，或有捣熟者，有独梭绢，阔四尺余者。五代绢极粗如布。宋有院绢，匀净厚密，亦有独梭绢，阔五尺余，细密如纸者。元绢及国朝内府绢俱与宋绢同。胜国时有宓机绢，松雪、子昭画多用此，盖出嘉兴府宓家，以绢得名，今此地尚有佳者。近董太史笔，多用砑光白绫，未免有进贤气。

○ 榻　座高一尺二寸，屏高一尺二寸，长七尺有命，横二尺五寸，周设木格，中贯湘竹，下座不虚。三面靠背，后背与两傍等，此榻之定式也。有古断纹者，有元螺钿者，其制自然古雅。忌有四足，或为螳螂腿，下承以板，则可。近有大理石镶者，有退光朱黑漆中刻竹树以粉填者，有新螺钿者，大非雅器。他如花楠、紫檀、乌木、花梨，照旧式制成，俱可用。一改长大诸式，虽曰美观，俱落俗套。更见元制榻，有长一丈五尺，阔二尺余，上无屏者，盖古人连床夜卧，以足抵足，其制亦古，然今却不适用。

○ 短榻　高尺许，长四尺，置之佛堂、书斋，可以习静坐禅，谈玄挥麈，更便斜倚，俗名"弥勒榻"。

○ 几　以怪树天生屈曲若环若带之半者为之，横生三足，出自天然，摩弄滑泽，置之榻上或蒲团，可倚手顿颡。又见图画中有古人架足而卧者，制亦奇古。

○ 禅椅　以天台藤为之，或得古树根，如虬龙诘曲臃肿，槎牙四出，可挂瓢笠及数珠、瓶钵等器，更须莹滑如玉，不露斧斤者为佳。近见有以五色芝粘其上者，颇为添足。

○ 天然几　以文木如花梨、铁梨、香楠等木为之；第以阔大为贵，长不可过八尺，厚不可过五寸，飞角处不可太尖，须平圆，乃古式。照倭几下有拖尾者，更奇，不可用四足如书桌式；或以古树根承之，不则用木，如台面阔厚者，空其中，略雕云头、如意之类；不可雕龙凤花草诸俗式。近时所制，

○ 橱　藏书橱须可容万卷，愈阔愈古，惟深仅可容一册。即阔至丈余，门必用二扇，不可用四及六。小橱以有座者为雅，四足者差俗，即用足，亦必高尺余。下用橱殿，仅宜二尺，不则两橱迭置矣。橱殿以空如一架者为雅。小橱有方二尺余者，以置古铜玉小器为宜。大者用杉木为之，可辟蠹，小者以湘妃竹及豆瓣楠、赤水、椤木为古。黑漆断纹者为甲品，杂木亦俱可用，但式贵去俗耳。铰钉忌用白铜，以紫铜照旧式，两头尖如梭子，不用钉钉者为佳。竹橱及小木直楞，一则市肆中物，一则药室中物，俱不可用。小者有内府填漆，有日本所制，皆奇品也。经橱用朱漆，式稍方，以经册多长耳。

○ 床　以宋元断纹小漆床为第一，次则内府所制独眠床，又次则小木出高手匠

狭而长者，最可厌。

○ 书桌　中心取阔大，四周镶边，阔仅半寸许，足稍矮而细，则其制自古。凡狭长混角诸俗式，俱不可用，漆者尤俗。

○ 壁桌　长短不拘，但不可过阔，飞云、起角、螳螂足诸式，俱可供佛，或用大理及祁阳石镶者，出旧制，亦可。

○ 方桌　旧漆者最多，须取极方大古朴，列坐可十数人者，以供展玩书画。若近制八仙等式，仅可供宴集，非雅器也。燕几别有谱图。

作者亦自可用。永嘉、粤东有折迭者，舟中携置亦便。若竹床及飘檐、拔步、彩漆、卍字、回纹等式俱俗。近有以柏木琢细如竹者，甚精，宜闺阁及小斋中。

○ 箱　倭箱黑漆嵌金银片，大者盈尺，其铰钉锁钥俱奇巧绝伦，以置古玉重器或晋唐小卷最宜。又有一种差大，式亦古雅，作方胜、缨络等花者，其轻如纸，亦可置卷轴、香药、杂玩，斋中宜多畜以备用。又有一种古断纹者，上圆下方，乃古人经箱，以置佛座间，亦不俗。

○ 屏　屏风之制最古，以大理石镶下座，精细者为贵。次则祁阳石，又次则花蕊石。不得旧者，亦须仿旧式为之，若纸糊及围屏、木屏，俱不入品。

卷七·器具

- 古人制器尚用，不惜所费。故制作极备，非若后人苟且。上至钟、鼎、刀、剑、盘、匜之属，下至隃糜、侧理，皆以精良为乐，匪徒铭金石尚款识而已。今人见闻不广，又习见时世所尚，遂致雅俗莫辨。更有专事绚丽、目不识古，轩窗几案、毫无韵物，而侈言陈设，未之敢轻许也。志《器具第七》。

- **手炉** 以古铜青绿大盆及簠簋之属为之，宣铜兽头三脚鼓炉亦可用，惟不可用黄白铜及紫檀、花梨等架。脚炉旧铸有俯仰莲坐细钱纹者，有形如匣者最雅。被炉有香球等式，俱俗，竟废不用。挂壁欲飞，但涉奇事异名，即为无价国宝。又书画原为雅道，一作牛鬼蛇神，不可诘识，无论古今名手，俱落第二。

- **香筒** 旧者有李文甫所制。中雕花鸟竹石，略以古简为贵。若太涉脂粉，或雕镂故事人物，便称俗品，亦不必置怀袖间。

- **笔格** 笔格虽为古制，然既用研山，如灵璧、英石，峰峦起伏，不露斧凿者为之，此式可废。古玉有山形者，有旧玉子母猫，长六七寸，白玉为母，余取

○ 香炉　三代、秦、汉鼎彝，及官、哥、定窑、龙泉、宣窑，皆以备赏鉴，非日用所宜。惟宣铜彝炉稍大者，最为适用。宋姜铸亦可，惟不可用神炉、太乙及鎏金白铜双鱼、象鬲之类。尤忌者，云间、潘铜、胡铜所铸八吉祥、倭景、百钉诸俗式。及新制建窑、五色花窑等炉。又古青绿博山亦可间用。木鼎可置山中，石鼎惟以供佛，余俱不入品。古人鼎彝，俱有底盖，今人以木为之。乌木者最上，紫檀、花梨俱可，忌菱花、葵花诸俗式。炉顶以宋玉帽顶及角端、海兽诸样，随炉大小配之，玛瑙水晶之属，旧者亦可用。

○ 袖炉　熏衣炙手，袖炉最不可少。以倭制漏空罩盖漆鼓为上。新制轻重方圆二式，俱俗制也。

玉砧或纯黄、纯黑玟瑎之类为子者。古铜有鏒金双螭挽格，有十二峰为格，有单螭起伏为格。窑器有白定三山、五山及卧花哇者，俱藏以供玩，不必置几研间。俗子有以老树根枝蟠曲万状，或为龙形，爪牙俱备者，此俱最忌，不可用。玉砧或纯黄、纯黑玟瑎之类为子者。古铜有鏒金双螭挽格，有十二峰为格，有单螭起伏为格。窑器有白定三山、五山及卧花哇者，俱藏以供玩，不必置几研间。俗子有以老树根枝蟠曲万状，或为龙形，爪牙俱备者，此俱最忌，不可用。

○ 笔床　笔床之制，世不多见。有古鎏金者，长六七寸，高寸二分，阔二寸余，上可卧笔四矢，然形如一架，最不美观。即旧式，可废也。

笔屏	镶以插笔，亦不雅观。有宋内制方圆玉花版，有大理旧石，方不盈尺者，置几案间，亦为可厌，竟废此式可也。	

笔筒	湘竹、栟榈者佳，毛竹以古铜镶者为雅，紫檀、乌木、花梨亦间可用，忌八棱花式。陶者有古白定竹节者，最贵，然艰得大者。青冬磁细花及宣窑者，俱可用，又有鼓样中有孔插笔及墨者，虽旧物，亦不雅观。	

笔船	紫檀、乌木细镶竹箆者可用，惟不可以牙、玉为之。狭而长者，最可厌。	

俱不堪用。锡者取旧制古朴矮小者为佳。

灯	闽中珠灯第一，玳瑁、琥珀、鱼魷次之，羊皮灯名手如赵虎所画者。亦当多蓄。料丝出滇中者最胜，丹阳所制有横光，不甚雅。至如山东珠、麦、柴、梅、李、花草、百鸟、百兽、夹纱、墨纱等制，俱不入品。灯样以四方如屏，中穿花鸟，清雅如画者为佳，人物、楼阁，仅可于羊皮屏上用之，他如蒸笼圈、水精球、双层、三层者，俱最俗。箆丝者虽极精工华绚，终为酸气。曾见元时布灯，最奇，亦非时尚也。	

镜	秦陀、黑漆古、光背质厚无文者为上，水银古花背者次之。有如钱小镜，满背青绿，嵌金银五岳图者。可供携具。菱角、八角、有柄方镜，俗不可用。	

- 笔洗　玉者有钵盂洗、长方洗、玉环洗。古铜者有古鎏金小洗，有青绿小盂，有小釜、小卮、小匜，此五物原非笔洗，今用作洗最佳。陶者有官、哥葵花洗、磬口洗、四卷荷叶洗、卷口蔗段洗。龙泉有双鱼洗、菊花洗、百折洗。定窑有三箍洗、梅花洗、方池洗。宣窑有鱼藻洗、葵瓣洗、磬口洗、鼓样洗，俱可用。忌绦环及青白相间诸式，又有中盏作洗，边盘作笔觇者，此不可用。

- 笔觇　定窑、龙泉小浅碟俱佳，水晶、琉璃诸式俱不雅，有玉碾片叶为之者尤俗。

- 书灯　有古铜驼灯、羊灯、龟灯、诸葛灯，俱可供玩，而不适用。有青绿铜荷一片檠，架花朵于上，古人取金莲之意，今用以为灯，最雅。定窑三台、宣窑二台者，

轩辕镜，其形如球，卧榻前悬挂，取以辟邪，然非旧式。

- 钩　古铜腰束绦钩，有金、银、碧填嵌者，有片金银者，有用兽为肚者皆三代物也。有羊头钩、螳螂捕蝉钩、鎏金者，皆秦汉物也。斋中多设，以备悬壁挂画，及拂尘、羽扇等用，最雅。自寸以至盈尺，皆可用。

- 束腰　汉钩、汉玦仅二寸余者，用以束腰，甚便。稍大则便入玩器，不可日用。绦用沉香、真紫，余俱非所宜。

- 如意　古人用以指挥向往，或防不测，故炼铁为之，非直美观而已。得旧铁如

意，上有金银错，或隐或见，古色蒙然者，最佳。至如天生树枝竹鞭等制，皆废物也。

○ 麈　古人用以清谈，今若对客挥麈，便见之欲呕矣。然斋中悬挂壁上，以备一种。有旧玉柄者，其拂以白尾及青丝为之，雅。若天生竹鞭、万岁藤，虽玲珑透漏，俱不可用。

○ 钱　钱之为式甚多，详具《钱谱》。有金嵌青绿刀钱，可为籖，如《博古图》等书成大套者用之。鹅眼货布，可挂杖头。

○ 杖　鸠杖最古，盖老人多咽。鸠能治咽故也。有三代立鸠、飞鸠杖头，周身金银填嵌者，饰于方竹、筇竹、万岁藤之上，最古。杖须长七尺余，摩弄滑泽，乃佳。天台藤更有自然屈曲者，一作龙头诸式，断不可用。

○ 扇 羽扇最古，然得古团扇雕漆柄为之，乃佳。他如竹篾、纸糊、竹根、紫檀柄者，
  扇 俱俗。又今之折叠扇，古称聚头扇，乃日本所进，彼国今尚有绝佳者，
  坠 展之盈尺，合之仅两指许；所画多作仕女、乘车、跨马、踏青、拾翠之状，又以金银屑饰地面，及作星汉人物。粗有形似，其所染青绿奇甚，专以空青、海绿为之，真奇物也。川中蜀府制以进御，有金铰藤骨，面薄如轻绡者，最为贵重。内府别有彩画、五毒、百鹤鹿、百福寿等式，差俗，然亦华绚可观。徽、杭亦有稍轻雅者。姑苏最重书画扇，其骨以白竹、棕竹、

○ 花瓶
古铜入土年久，受土气深，以之养花，花色鲜明，不特古色可玩而已。铜器可插花者，曰尊，曰罍，曰觚，曰壶，随花大小用之。磁器用官、哥、定窑古胆瓶、一枝瓶、小蓍草瓶、纸槌瓶，余如暗花、青花、茄袋、葫芦、细口、匾肚、瘦足、药坛及新铸铜瓶，建窑等瓶，俱不入清供。尤不可用者，鹅颈壁瓶也。古铜汉方瓶，龙泉、均州瓶，有极大高二三尺者，以插古梅，最相称。瓶中俱用锡作替管盛水，可免破裂之患。大都瓶宁瘦，无过壮，宁大，无过小，高可一尺五寸，低不过一尺，乃佳。

○ 钟磬
不可对设，得古铜秦、汉鎛钟、编钟，及古灵璧石磬声清韵远者，悬之斋室，击以清耳。磬有旧玉者，股三寸，长尺余，仅可供玩。

乌木、紫白檀、湘妃、眉绿等为之，间有用牙及玳瑁者，有员头、直根、绦环、结子、板板花诸式，素白金面，购求名笔图写，佳者价绝高。其匠作则有李昭、李赞、马勋、蒋三、柳玉台、沈少楼诸人，皆高手也。纸敝墨渝，不堪怀袖，别装卷册以供玩，相沿既久，习以成风，至称为姑苏人事，然实俗制，不如川扇适用耳。扇坠夏月用伽南、沉香为之，汉玉小块及琥珀眼掠皆可，香串、缅茄之属，断不可用。

○ 琴
琴为古乐，虽不能操，亦须壁悬一床。以古琴历年既久，漆光退尽，纹如梅花，黯如乌木，弹之声不沉者为贵。琴轸犀角、象牙者雅。以蚌珠为徽，不贵金玉。弦用白色柘丝，古人虽有朱弦清越等语，不如素质有天然之妙。唐有雷文、张越，宋有施木舟，元有朱致远，国朝有惠祥、高腾、祝海鹤及樊氏、路氏，皆造琴高手也。挂琴不可近风露日色，琴囊须以旧锦为之，轸上不可用红绿流苏，抱琴勿横。夏月弹琴，但宜早晚，午则汗易污，且太燥，脆弦。

○ 琴台　以河南郑州所造古郭公砖，上有方胜及象眼花者，以作琴台，取其中空发响，然此实宜置盆景及古石。当更制一小几，长过琴一尺，高二尺八寸，阔容三琴者，为雅。坐用胡床，两手更便运动，须比他坐稍高，则手不费力。更有紫檀为边，以锡为池，水晶为面者，于台中置水蓄鱼藻，实俗制也。

○ 研　研以端溪为上，出广东肇庆府，有新旧坑、上下岩之辨，石色深紫，衬手而润，叩之清远，有重晕、青绿、小鸲鹆眼者为贵；其次色赤，呵之

至如雕镂二十八宿、鸟、兽、龟、龙、天马，及以眼为七星形，剥落研质，嵌古铜玉器于中，皆入恶道。研须日涤，去其积墨败水，则墨光莹泽，惟研池边斑驳墨迹，久浸不浮者，名曰墨锈，不可磨去。研，用则贮水，毕则干之。涤砚用莲房壳，去垢起滞，又不伤研。大忌滚水磨墨，茶酒俱不可，尤不宜令顽童持洗。研匣宜用紫黑二漆，不可用五金，盖金能燥石。至如紫檀、乌木及雕红、彩漆，俱俗，不可用。

○ 笔　尖、齐、圆、健，笔之四德，盖毫坚则尖，毫多则齐，用苘贴衬得法，则毫束而圆，用纯毫附以香狸、角水得法，则用久而健，此制笔之诀也。古有金银管、象管、玳瑁管、玻璃管、镂金、绿沉管，近有紫檀、雕花诸管，俱俗不可用。惟斑管最雅，不则竟用白竹。寻丈书笔，以木为管，

乃润；更有纹慢而大者，乃西坑石，不甚贵也。又有天生石子，温润如玉，摩之无声，发墨而不坏笔，真希世之珍。有无眼而佳者，若白端、青绿端，非眼不辨。黑端出湖广辰、沅二州，亦有小眼，但石质粗燥，非端石也。更有一种出婺源歙山、龙尾溪，亦有新旧二坑，南唐时开，至北宋已取尽，故旧砚非宋者，皆此石。石有金银星及罗纹、刷丝、眉子，青黑者尤贵。黎溪石出湖广常德、辰州二界，石色淡青，内深紫，有金线及黄脉，俗所谓紫袍、金带者是。洮溪研出陕西临洮府河中，石绿色，润如玉。衢研出衢州开化县，有极大者，色黑。熟铁研出青州，古瓦研出相州，澄泥研出虢州。研之样制不一，宋时进御有玉台、凤池、玉环、玉堂诸式，今所称贡研，世绝重之。以高七寸，阔四寸，下可容一拳者为贵，不知此特进奉一种，其制最俗。余所见宣和旧研有绝大者，有小八棱者，皆古雅浑朴。别有圆池、东坡瓢形、斧形、端明诸式，皆可用。葫芦样稍俗，

亦俗。当以箸竹为之，盖竹细而节大，易于把握。笔头式须如尖笋，细腰、葫芦诸样，仅可作小书，然亦时制也。画笔，杭州者佳。古人用笔洗，盖书后即涤去滞墨，毫坚不脱，可耐久。笔败则瘗之，故云败笔成冢，非虚语也。

- 墨　墨之妙用，质取其轻，烟取其清，嗅之无香，磨之无声，若晋、唐、宋、元书画，皆传数百年，墨色如漆，神气完好，此佳墨之效也。故用墨必择精品，且日置几案间，即样制亦须近雅，如朝官、魁星、宝瓶、墨玦诸式，即佳亦不可用。宣德墨最精，几与宣和内府所制同，当蓄以供玩，或以临摹古书画，盖胶色已退尽，惟存墨光耳。唐以奚廷珪为第一，张遇第二。廷珪至赐国姓，今其墨几与珍宝同价。

○ 纸　古人杀青为书，后乃用纸。北纸用横帘造，其纹横，其质松而厚，谓之侧理。
南纸用竖帘，二王真迹，多是此纸。唐人有硬黄纸，以黄檗染成，取其辟蠹。
蜀妓薛涛为纸，名十色小笺，又名蜀笺。宋有澄心堂纸，有黄白经笺，
可揭开用。有碧云春树、龙凤、团花、金花等笺，有匹纸长三丈至五丈，
有彩色粉笺及藤白、鹄白、蚕茧等纸。元有彩色粉笺、蜡笺、黄一笔、
花笺、罗纹笺，皆出绍兴，有白箓、观音、清江等纸，皆出江西。山斋
俱当多蓄以备用。国朝连七、观音、奏本、榜纸，俱不佳。惟大内用细
密洒金五色粉笺，坚厚如板，面砑光如白玉，有印金花五色笺，有青纸
如段素，俱可宝。近吴中洒金纸，松江潭笺，俱不耐久，泾县连四最佳。
高丽别有一种，以绵茧造成，色白如绫，坚韧如帛，用以书写，发墨可爱，
此中国所无，亦奇品也。

土锈血侵，不知何用，令以为印池，甚古，然不宜日用，仅可备文具一种。
图书匣以豆瓣楠、赤水、椤为之，方样套盖，不则退光素漆者亦可用，
他如剔漆、填漆、紫檀镶嵌古玉、及毛竹、攒竹者。俱不雅观。

○ 文　文具虽时尚，然出古名匠手，亦有绝佳者。以豆瓣楠、瘿木及赤水、椤为雅，
　　具　他如紫檀、花梨等木，皆俗。三格一替，替中置小端砚一，笔觇一，书册一，
小砚山一，宣德墨一，倭漆墨匣一。首格置玉秘阁一，古玉或铜镇纸一，
宾铁古刀大小各一，古玉柄棕帚一，笔船一。高丽笔二枝。次格古铜水盂一，
糊斗、蜡斗各一，古铜水杓一，青绿鎏金小洗一。下格稍高，置小宣铜
彝炉一，宋剔合一，倭漆小撞、白定或五色定小合各一，矮小花尊或小
觯一，图书匣一，中藏古玉印池、古玉印、鎏金印绝佳者数方，倭漆小

○ 剑　今无剑客，故世少名剑，即铸剑之法亦不传。古剑铜铁互用，陶弘景《刀剑录》所载有："屈之如钩，纵之直如弦，铿然有声者"皆目所未见。近时莫如倭奴所铸，青光射人。曾见古铜剑，青绿四裹者，蓄之，亦可爱玩。

○ 印章　以青田石莹洁如玉、照之灿若灯辉者为雅。然古人实不重此，五金、牙、玉、水晶、木、石皆可为之，惟陶印则断不可用，即官、哥、青冬等窑，皆非雅器也。古鎏金、镀金、细错金银、商金、青绿、金玉、玛瑙等印，篆刻精古，钮式奇巧者，皆当多蓄，以供赏鉴。印池以官、哥窑方者为贵，定窑及八角、委角者次之，青花白地、有盖、长样俱俗。近做周身连盖滚螭白玉印池，虽工致绝伦，然不入品。所见有三代玉方池，内外

梳匣一，中置玳瑁小梳及古玉盘匜等器，古犀玉小杯二，他如古玩中有精雅者，皆可入之，以供玩赏。

○ 梳具　以瘿木为之，或日本所制，其缠丝、竹丝、螺钿、雕漆、紫檀等，俱不可用。中置玳瑁梳、玉剔帚、玉缸、玉合之类，即非秦、汉间物，亦以稍旧者为佳。若使新俗诸式阑入。便非韵士所宜用矣。

○ 海论铜玉雕刻窑器　三代秦汉人制玉，古雅不凡，即如子母螭、卧蚕纹、双钩碾法，宛转流动，细入毫发，涉世既久，土锈血侵最多，惟翡翠色、水银色，为铜侵者，特一二见耳。玉以红如鸡冠者为最，黄如蒸栗、白如截肪者次之。黑如点漆、青如新柳、绿如铺绒者又次之。今所尚翠色，通明如水晶者，古人号为碧，

非玉也。玉器中圭璧最贵，鼎彝、觚尊、杯注、环玦次之，钩束、镇纸、玉璏、充耳、刚卯、瑱珈、瑯瑅、印章之类又次之，琴剑觽佩、扇坠又次之。

铜器：鼎、彝、觚、尊、敦、鬲最贵，匜、卣、罍、觯次之。簠簋、钟注、歃血盆、夋花囊之属又次之。三代之辨，商则质素无文，周则雕篆细密，夏则嵌金、银，细巧如发，款识少者一二字，多则二三十字，其或二三百字者，定周末先秦时器。

篆文：夏用鸟迹，商用虫鱼。周用大篆，秦以大小篆，汉以小篆。三代用阴款，秦汉用阳款，间有凹入者，或用刀刻如镌碑，亦有无款者，盖民间之器，无功可纪，不可遽谓非古也。有谓铜气入土久，土气湿蒸，郁而成青，入水久，水气卤浸，润而成绿，然亦不尽然，第铜气清莹不杂，易发青绿耳。

铜色：褐色不如朱砂，朱砂不如绿，绿不如青，青不如水银，水银不如黑漆，

圆熟，藏锋不露，用朱极鲜，漆坚厚而无敲裂，所刻山水、楼阁、人物、鸟兽，皆俨若图画，为佳绝耳。元时张成、杨茂二家，亦以此技擅名一时。国朝果园厂所制，刀法视宋尚隔一筹，然亦精细。至于雕刻器皿，宋以詹成为首，国朝则夏白眼擅名，宣庙绝赏。吴中如贺四、李文甫、陆子冈，皆后来继出高手，第所刻必以白玉、琥珀、水晶、玛瑙等为佳器，若一涉竹木，便非所贵。至于雕刻果核，虽极人工之巧，终是恶道。

黑漆最易伪造，余谓必以青绿为上。伪造有冷冲者，有屑凑者，有烧斑者，皆易辨也。

窑器：柴窑最贵，世不一见，闻其制，青如天，明如镜，薄如纸，声如磬，未知然否？官、哥、汝窑以粉青色为上，淡白次之，油灰最下。纹：取冰裂、鳝血、铁足为上，梅花片、墨纹次之，细碎纹最下。官窑隐纹如蟹爪，哥窑隐纹如鱼子，定窑以白色而加以泑水如泪痕者佳，紫色黑色俱不贵。均州窑色如胭脂者为上，青若葱翠、紫若墨色者次之，杂色者不贵。龙泉窑甚厚，不易茅蔑，第工匠稍拙，不甚古雅。宣窑冰裂、鳝血纹者，与官、哥同，隐纹如橘皮、红花、青花者，俱鲜彩夺目，堆垛可爱。又有元烧枢府字号，亦有可取。至于永乐细款青花杯、成化五彩葡萄杯及纯白薄如琉璃者，今皆极贵，实不甚雅。

雕刻精妙者，以宋为贵，俗子辄论金银胎，最为可笑，盖其妙处在刀法

卷八·位置

- 位置之法，烦简不同，寒暑各异，高堂广榭，曲房奥室，各有所宜，即如图书鼎彝之属，亦须安设得所，方如图画。云林清秘。高梧古石中，仅一几一榻，令人想见其风致，真令神骨俱冷。故韵士所居，入门便有一种高雅绝俗之趣。若使前堂养鸡牧豕，而后庭侈言浇花洗石，政不如凝尘满案，环堵四壁，犹有一种萧寂气味耳。志《位置第十》。

须择枝柯奇古，二枝须高下合插，亦止可一、二种，过多便如酒肆；惟秋花插小瓶中不论。供花不可闭窗户焚香，烟触即萎，水仙尤甚。亦不可供于画桌上。

- **小室** 几榻俱不宜多置，但取古制狭边书几一，置于中，上设笔砚、香盒、薰炉之属，俱小而雅。别设石小几一，以置茗瓯茶具；小榻一，以供偃卧趺坐。不必挂画，或置古奇石，或以小佛橱供鎏金小佛于上，亦可。

- **卧室** 地屏天花板虽俗，然卧室取干燥，用之亦可，第不可彩画及油漆耳。面南设卧榻一，榻后别留半室，人所不至，以置薰笼、衣架、盥匜、厢奁、书灯之属。榻前仅置一小几，不设一物，小方杌二，小橱一，以置药、

○ 悬
画

悬画宜高，斋中仅可置一轴于上，若悬两壁及左右对列，最俗。长画可挂高壁，不可用挨画竹曲挂。画桌可置奇石，或时花盆景之属，忌置朱红漆等架。堂中宜挂大幅横披，斋中宜小景花鸟；若单条、扇面、斗方、挂屏之类，俱不雅观。画不对景，其言亦谬。

○ 置
炉

于日坐几上置倭台几方大者一，上置炉一；香盒大者一，置生、熟香；小者二，置沉香、香饼之类；筋瓶一。斋中不可用二炉，不可置于挨画桌上，及瓶盒对列。夏月宜用磁炉，冬月用铜炉。

○ 置
瓶

随瓶制置大小倭几之上，春冬用铜，秋夏用磁。堂屋宜大，书屋宜小，贵铜瓦，贱金银，忌有环，忌成对。花宜瘦巧，不宜烦杂。若插一枝，

玩器。室中精洁雅素，一涉绚丽，便如闺阁中，非幽人眠云梦月所宜矣。更须穴壁一，贴为壁床，以供连床夜话，下用抽替以置履袜。庭中亦不须多植花木，第取异种宜秘惜者，置一株于中，更以灵璧、英石伴之。

○ 敞
室

长夏宜敞室，尽去窗槛，前梧后竹，不见日色，列木几极长大者于正中，两傍置长榻无屏者各一。不必挂画，盖佳画夏日易燥，且后壁洞开，亦无处宜悬挂也。北窗设湘竹榻，置簟于上，可以高卧。几上大砚一，青绿水盆一，尊彝之属，俱取大者。置建兰一二盆于几案之侧。奇峰古树，清泉白石，不妨多列。湘帘四垂，望之如入清凉界中。

○ 衣冠制度，必与时宜，吾侪既不能披鹑带索，又不当缀玉垂珠，要须夏葛、冬裘，被服娴雅，居城市有儒者之风，入山林有隐逸之象，若徒染五采，饰文缋，与铜山金穴之子，侈靡斗丽，亦岂诗人粲粲衣卷服之旨乎？至于蝉冠朱衣，方心曲领，玉珮朱履之为"汉服"也；幞头大袍之为"隋服"也；纱帽圆领之为"唐服"也；襜帽襕衫、申衣幅巾之为"宋服"也；巾环襆领、帽子系腰之为"金元服"也；方巾团领之为"国朝服"也，皆历代之制，非所敢轻议也。志《衣饰第八》。

中制布帐于窗槛之上，青紫二色可用。

○ 冠　铁冠最古，犀玉、琥珀次之，沉香、葫芦者又次之，竹箨、瘿木者最下。制惟偃月、高士二式，余非所宜。

○ 巾　唐巾去汉式不远，今所尚"披云巾"最俗，或自以意为之，"幅巾"最古，然不便于用。

○ 笠　细藤者佳，方广二尺四寸，以皂绢缀檐，山行以遮风日；又有叶笠、羽笠，此皆方物，非可常用。

○ 道服　制如申衣，以白布为之，四边延以缁色布，或用茶褐为袍，缘以皂布。有月衣，铺地如月，披之则如鹤氅。二者用以坐禅策蹇，披雪避寒，俱不可少。

○ 禅衣　以洒海剌为之，俗名"琐哈剌"，盖番语不易辨也。其形似胡羊毛片缕缕下垂，紧厚如毡，其用耐久，来自西域，闻彼中亦甚贵。

○ 帐　冬月以茧紬或紫花厚布为之，纸帐与紬绢等帐俱俗，锦帐、帛帐俱闺阁中物，夏月以蕉布为之，然不易得。吴中青撬纱及花手巾制帐亦可。有以画绢为之，有写山水墨梅于上者，此皆欲雅反俗。更有作大帐，号为"漫天帐"，夏月坐卧其中，置几榻橱架等物，虽适意，亦不古。寒月小斋

○ 履　冬月秧履最适，且可暖足。夏月棕鞋惟温州者佳，若方舄等样制作不俗者，皆可为济胜之具。

卷十·舟车

- 位置之法，烦简不同，寒暑各异，高堂广榭，曲房奥室，各有所宜，即如图书鼎彝之属，亦须安设得所，方如图画。云林清秘。高梧古石中，仅一几一榻，令人想见其风致，真令神骨俱冷。故韵士所居，入门便有一种高雅绝俗之趣。若使前堂养鸡牧豕，而后庭侈言浇花洗石，政不如凝尘满案，环堵四壁，犹有一种萧寂气味耳。志《位置第十》。

便出入。中置一榻，一小几。小厨上以板承之，可置书卷、笔砚之属。榻下可置衣厢、虎子之属。幔以板，不以篷簟，两傍不用栏楯。以布绢作帐，用蔽东西日色，无日则高卷，卷以带，不以钩。他如楼船、方舟诸式，皆俗。

- 小船　长丈余，阔三尺许，置于池塘中。或时鼓枻中流，或时系于柳阴曲岸，执竿把钓，弄月吟风。以蓝布作一长幔，两边走檐，前以二竹为柱，后缚船尾钉两圈处，一童子刺之。玩器。室中精洁雅素，一涉绚丽，便如闺阁中，非幽人眠云梦月所宜矣。更须穴壁一，贴为壁床，以供连床夜话，下用抽替以置履袜。庭中亦不须多植花木，第取异种宜秘惜者，置一株于中，更以灵璧、英石伴之。

○ 巾
  车　　今之"肩舆"，即古之"巾车"也。第古用牛马，今用人车，实非雅士所宜。
　　　　出闽、广者精丽，且轻便；楚中有以藤为扛者，亦佳。近金陵所制缠藤者，
　　　　颇俗。

○ 篮
  舆　　山行无济胜之具，则"篮舆"似不可少。武林所制，有坐身踏足处，俱
　　　　以绳络者，上下峻坂皆平，最为适意，惟不能避风雨。有上置一架，可
　　　　张小幔者，亦不雅观。

○ 舟　　形如划船，底惟平，长可三丈有余，头阔五尺，分为四仓：中仓可容宾
　　　　主六人，置桌凳、笔床、酒枪、鼎彝、盆玩之属，以轻小为贵；前仓可
　　　　容童仆四人，置壶榼、茗炉、茶具之属；后仓隔之以板，傍容小弄。以

卷十一·蔬果

○ 田文坐客，上客食肉，中客食鱼，下客食菜，此便开千古势利之祖。吾曹谈芝讨桂，既不能饵菊术，啖花草；乃层酒累肉，以供口食，真可谓秽吾素业。古人蘋蘩可荐，蔬笋可羞，顾山肴野蔌，须多预蓄，以供长日清谈，闲宵小饮；又如酒鎗皿合，皆须古雅精洁，不可毫涉市贩屠沽气；又当多藏名酒，及山珍海错，如鹿脯、荔枝之属，庶令可口悦目，不特动指流涎而已。志《蔬果第十一》。

○ 樱桃　樱桃古名"楔桃"，一名"朱桃"，一名"英桃"，又为鸟所含，故礼称"含桃"。盛以白盘，色味俱绝。

酰者较胜。黄橙堪调脍，古人所谓"金齑"；若法制丁片，皆称"俗味"。

○ 柑　柑出洞庭者，味极甘，出新庄者，无汁，以刀剖而食之。更有一种粗皮，名蜜罗柑，亦美。小者曰"金柑"，圆者曰"金豆"。

○ 枇杷　枇杷独核者佳，株叶皆可爱，一名"款冬花"，蔫之果食，色如黄金，味绝美。

○ 杨梅　吴中佳果，与荔枝并擅高名，各不相下。出光福山中者，最美，彼中人以漆盘盛之，色与漆等，一斤仅二十枚，真奇味也。生当暑中，不堪涉远，吴中好事家或以轻桡邮置，或买舟就食。出他山者味酸，色亦不紫。

南都曲中有莺桃脯，中置玫瑰瓣一味，亦甚佳，价甚贵。

○ 桃李梅杏　桃易生，故谚云："白头种桃。"其种有：匾桃、墨桃、金桃、鹰嘴、脱核蟠桃，以蜜煮之，味极美。李品在桃下，有粉青、黄姑二种，别有一种，曰"嘉庆子"，味微酸。北人不辩梅、杏，熟时乃别。梅接杏而生者，曰杏梅，又有消梅，入口即化，脆美异常，虽果中凡品，然却睡止渴，亦自有致。

○ 橘橙　橘为"木奴"，既可供食，又可获利。有绿橘、金橘、密橘、扁橘数种，皆出自洞庭；别有一种小于闽中，而色味俱相似，名"漆碟红"者，更佳；出衢州者皮薄亦美，然不多得。山中人更以落地未成实者，制为橘药，

有以烧酒浸者，色不变，而味淡；蜜渍者，色味俱恶。

○ 葡萄　有紫、白二种，白者曰"水晶萄"，味差亚于紫。

○ 荔枝　荔枝虽非吴地所种，然果中名裔，人所共爱，"红尘一骑"，不可谓非解事人。彼中有蜜渍者，色亦白，第壳已殷，所谓"红襦白玉肤"，亦在流想间而已。龙眼称"荔枝奴"，香味不及，种类颇少，价乃更贵。

○ 枣　枣类极多，小核色赤者，味极美。枣脯出金陵，南枣出浙中者，俱贵其

- 生梨　梨有二种：花瓣圆而舒者，其果甘；缺而皱者，其果酸，亦易辨。出山东，有大如瓜者，味绝脆，入口即化，能消痰疾。

- 栗　杜甫寓蜀，采栗自给，山家御穷，莫此为愈。出吴中诸山者绝小，风干，味更美；出吴兴者，从溪水中出，易坏，煨熟乃佳。以橄榄同食，名为"梅花脯"，谓其口味作梅花香，然实不尽然也。

- 菱　两角为菱，四角为芰，吴中湖泖及人家池沼皆种之。有青红二种：红者最早，名"水红菱"；稍迟而大者，曰"雁来红"；青者曰"莺哥青"；青而大者，曰"馄饨菱"，味最胜；最小者曰"野菱"。又有"白沙角"，皆秋来美味，堪与扁豆并荐。

玩中有精雅者，皆可入之，以供玩赏。

- 茄子　茄子一名"落酥"，又名"昆仑紫瓜"，种苋其傍，同浇灌之，茄苋俱茂，新采者味绝美。蔡遵为吴兴守，斋前种白苋、紫茄，以为常膳。五马贵人，犹能如此，吾辈安可无此一种味也？

- 芋　古人以蹲鸱起家，又云："园收芋、栗未全贫"，则御穷一策，芋为称首、所谓"煨得芋头熟，天子不如我"，直以为南面之乐，其言诚过，然寒夜拥炉，此实真味。别名"土芝"，信不虚矣。

○ 芡　芡花昼展宵合，至秋作房如鸡头，实藏其中，故俗名"鸡豆"。有秔、糯二种，有大如小龙眼者，味最佳，食之益人。若剥肉和糖，捣为糕糜，真味尽失。土锈血侵，不知何用，令以为印池，甚古，然不宜日用，仅可备文具一种。图书匣以豆瓣楠、赤水、椤为之，方样套盖，不则退光素漆者亦可用，他如剔漆、填漆、紫檀镶嵌古玉、及毛竹、攒竹者。俱不雅观。

○ 石榴　石榴，花胜于果，有大红、桃红、淡白三种，千叶者名"饼子榴"，酷烈如火，无实，宜植庭际。

○ 白扁豆　纯白者味美，补脾入药，秋深篱落，当多种以供采食，干者亦须收数斛，以足一岁之需。中置玳瑁小梳及古玉盘匜等器，古犀玉小杯二，他如古

○ 茭白　古称雕胡，性尤宜水，逐年移之，则心不黑，池塘中亦宜多植，以佐灌园所缺。

○ 山药　本名"薯药"，出娄东岳王市者，大如臂，真不减天公掌，定当取作常供。夏取其子，不堪食。至如香芋、乌芋、凫茨之属，皆非佳品。乌芋即"茨菇"，凫茨即"地栗"。

○ 萝葡蔓菁　萝葡一名"土酥"，蔓菁一名"六利"，皆佳味也。他如乌、白二崧，莼、芹、薇、蕨之属，皆当命园丁多种，以供伊蒲。第不可以此市利。为卖菜佣耳。

卷十二·香茗

○ 香、茗之用，其利最溥。物外高隐，坐语道德，可以清心悦神；初阳薄暝，兴味萧骚，可以畅怀舒啸；晴窗拓帖，挥麈闲吟，篝灯夜读。可以远辟睡魔；青衣红袖，密语谈私，可以助情热意；坐雨闭窗，饭余散步，可以遣寂除烦；醉筵醒客，夜语蓬窗，长啸空楼，冰弦戛指，可以佐欢解渴。品之最优者，以沉香、岕茶为首，第焚煮有法，必贞夫韵士，乃能究心耳。志《香茗第十二》。

○ 沉香　质重，劈开如墨色者佳，沉取沉水，然好速亦能沉。以隔火炙过，取焦者别置一器，焚以熏衣被。曾见世庙有水磨雕刻龙凤者，大二寸许，盖醮坛中物，此仅可供玩。

○ 安息香　都中有数种，总名"安息"，"月麟"、"聚仙"、"沉速"为上，沉速有双料者，极佳。内府别有龙挂香，倒挂焚之，其架甚可玩，"若兰香"、"万春"、"百花"等皆不堪用。

○ 茶品　古今论茶事者，无虑数十家，若鸿渐之"经"，君谟之"录"。可谓尽善。然其时法用熟碾为"丸"为"挺"，故所称有"龙凤团"、"小龙团"、"密云龙"、"瑞云翔龙"。至宣和间，始以茶色白者为贵。漕臣郑可简始

○ 伽
南
　一名奇蓝，又名琪玎南，有糖结、金丝二种。糖结面黑若漆，坚若玉，锯开，
上有油若糖者，最贵。金丝，色黄，上有线若金者，次之。此香不可焚，
焚之微有飔气，大者有重十五、六斤，以雕盘承之，满室皆香，真为奇
物。小者以制扇坠、数珠，夏月佩之，可以辟秽。居常以锡合盛蜜养之。
合分二格，下格置蜜，上格穿数孔，如龙眼大，置香使蜜气上通，则经
久不枯。沉水等香亦然。

○ 龙
涎
香
　苏门答剌国有龙涎屿，群龙交卧其上，遗沫入水，取以为香；浮水为上，
渗沙者次之；鱼食腹中，刺出如斗者，又次之。彼国亦甚珍贵。

创为"银丝冰芽"，以茶剔叶取心，清泉渍之，去龙脑诸香，惟新胯小
龙蜿蜒其上，称"龙团胜雪"，当时以为不更之法，而我朝所尚又不同，
其烹试之法，亦与前人异，然简便异常，天趣悉备，可谓尽茶之真味矣。
至于"洗茶"、"候汤"、"择器"，皆各有法，宁特侈言"乌府"、"云
屯"、"苦节"、"建城"等目而已哉？

○ 虎
丘
天
池
　虎丘，最号精绝，为天下冠，惜不多产，又为官司所据。寂寞山家，得
一壶两壶，便为奇品，然其味实亚于"芥"。天池，出龙池一带者佳，
出南山一带者最早。微带草气。醮坛中物，此仅可供玩。

○ 岕 浙之长兴者佳，价亦甚高，今所最重；荆溪稍下。采茶不必太细，细则芽初萌，而味欠足；不必太青，青则茶已老，而味欠嫩。惟成梗蒂，叶绿色而团厚者为上。不宜以日晒，炭火焙过，扇冷，以箬叶衬罂贮高处，盖茶最喜温燥，而忌冷湿也。

○ 六安 宜入药品，但不善炒，不能发香而味苦，茶之本性实佳。

○ 松萝 十数亩外，皆非真松萝茶，山中亦仅有一二家炒法甚精，近有山僧手焙者，更妙。真者在洞山之下、天池之上，新安人最重之，南都曲中亦尚此。以易于烹煮，且香烈故耳。

方样套盖，不则退光素漆者亦可用，他如剔漆、填漆、紫檀镶嵌古玉、及毛竹、攒竹者。俱不雅观。

○ 茶盏 宣庙有尖足茶盏，料精式雅，质厚难冷，洁白如玉，可试茶色，盏中第一。世庙有坛盏，中有茶汤果酒，后有"金箓大醮坛用"等字者，亦佳。他如"白定"等窑，藏为玩器，不宜日用。盖点茶须熁盏令热，则茶面聚乳，旧窑器熁热则易损，不可不知。又有一种名"崔公窑"，差大，可置果实，果亦仅可用榛、松、新笋、鸡豆、莲实、不夺香味者；他如柑、橙、茉莉、木樨之类，断不可用。

○ 龙
井

天
目

山中早寒，冬来多雪，故茶之萌芽较晚，采焙得法，亦可与天池并。

○ 茶
壶

壶以砂者为上，盖既不夺香，又无熟汤气，"供春"最贵。第形不雅，亦无差小者。时大彬所制又太小。若得受水半升，而形制古洁者，取以注茶，更为适用。其"提梁"、"卧瓜"、"双桃"、"扇面"、"八棱细花"、"夹锡茶替"、"青花白地"诸俗式者，俱不可用。锡壶有赵良璧者亦佳，然宜冬月间用。近时吴中"归锡"，嘉禾"黄锡"，价皆最高，然制小而俗。金银俱不入品。土锈血侵，不知何用，令以为印池，甚古，然不宜日用，仅可备文具一种。图书匣以豆瓣楠、赤水、椤为之，

图书在版编目（CIP）数据

长物志：做自己生活的设计师 / 费勇主编. --北京：
九州出版社，2018.6

ISBN 978-7-5108-7275-4

Ⅰ．①长… Ⅱ．①费… Ⅲ．①生活－知识 Ⅳ. TS976.3

中国版本图书馆CIP数据核字（2018）第135904号

长物志：做自己生活的设计师

作　　者	费勇　主编
出版发行	九州出版社
地　　址	北京市西城区阜外大街甲35号（100037）
发行电话	（010）68992190/3/5/6
网　　址	www.jiuzhoupress.com
电子信箱	jiuzhou@jiuzhoupress.com
印　　刷	小森印刷（北京）有限公司
开　　本	700毫米×970毫米　16开
印　　张	14
字　　数	250千字
版　　次	2018年8月第1版
印　　次	2018年8月第1次印刷
书　　号	ISBN 978-7-5108-7275-4
定　　价	48.00元